植蔬莳果

城市小空间园艺实践

[英]凯文·埃斯皮里图　编著　谢园方　译

辽宁科学技术出版社
·沈阳·

图书在版编目（CIP）数据

植蔬莳果：城市小空间园艺实践 /（英）凯文・埃斯皮里图编著；谢园方译. —沈阳：辽宁科学技术出版社，2022.10
ISBN 978-7-5591-2662-7

Ⅰ.①植… Ⅱ.①凯… ②谢… Ⅲ.①庭院－园林设计 Ⅳ.①TU986.2

中国版本图书馆CIP数据核字（2022）第151023号

出版发行：辽宁科学技术出版社
（地址：沈阳市和平区十一纬路25号 邮编：110003）
印 刷 者：凸版艺彩（东莞）印刷有限公司
经 销 者：各地新华书店
幅面尺寸：170 mm × 240 mm
印　　张：14
字　　数：280 千字
出版时间：2022 年 10 月第 1 版
印刷时间：2022 年 10 月第 1 次印刷
责任编辑：闻　通
封面设计：李　彤
版式设计：晓　娜
责任校对：尹　昭　王春茹

书　　号：ISBN 978-7-5591-2662-7
定　　价：88.00元

联系编辑：024-23284740
邮购热线：024-23284502
邮　　箱：605807453@qq.com

给所有刚接触城市园艺的人：
愿这本书对您的成长之旅有所帮助。

目录

引言

007 为什么选择城市园艺?
009 我的故事
010 关于本书
013 城市园艺画廊

1.入门

022 你居住在什么类型的房子里?
024 城市园艺规则
026 保护你的园艺空间
028 绿拇指基础

2. 容器园艺

056 容积
060 材质
066 排水
067 填土
068 最佳方位
069 适合生长在容器中的植物
070 保持水量充足
073 施肥
074 维护
077 自吸水的2L种植瓶
078 自浇水5加仑种植桶
081 可循环利用的容器

3. 种植床园艺

084 种植床的诸多优点
086 建造种植床所需的材料
088 建造种植床
090 种植植物
092 保护珍贵的植物
094 如何实现连续收获
096 种植床的养护
098 简易种植床
101 砖砌种植床
102 经典种植床

4. 垂直园艺

106 在何处搭建垂直园艺空间
107 植物如何攀爬
110 垂直园艺的多种方法
113 高承重的模块化棚架
114 重新利用悬挂式鞋袋
116 雨水槽园艺

5. 室内园艺

120 规划室内种植空间
122 厨房香草：给你的家加点儿香料
123 梅森罐香草花园
124 微型蔬菜：大自然的小秘密
126 从开始到收获
130 如何解决微型蔬菜的常见问题
132 我应该种植哪种微型蔬菜?

6. 阳台园艺和屋顶园艺

136 阳台园艺
144 屋顶园艺

7. 水培园艺

152 水培的发展历史
152 为什么使用水培系统?
153 水培的基本原则
156 水培营养
159 水培介质
162 人工照明
168 构建成功的水培系统

8. 常见的种植问题

198 害虫
212 病害

写在最后：城市园丁应避免的错误 216
资源 218
公制转换 219
致谢 220
关于作者 221
索引 222

引言

为什么选择城市园艺？

关于这个问题，我可以列举出一大堆充分的理由来说明为什么城市园艺是一个值得探索的美妙消遣：更新鲜的食物、更少的环境影响、更漂亮的家……但是对我来说，真正的原因很简单——它很有趣。

我们生活在一个日益数字化且逐渐与外界脱节的世界里。很多人，包括我自己在内，一天中的大部分时间不是坐在电脑前面，就是坐在方向盘前面，而留给我们去探索大自然的时间很少。

要如何打破这种状态呢？把大自然母亲带回家，开始种植植物，是一种与自然世界重新建立连接的绝妙方式。而且城市园艺（或郊区、远郊，或任何其他类型的园艺）也可以从根本上改变我们的生活。大家将会有以下收获：

- 采摘后即可食用的更新鲜、更健康的农产品
- 对盘中的食物有更深刻的认识
- 与邻居、朋友和家人建立更加牢固的关系

我的故事

符合“超级书呆子”的所有特征

小时候我是个“大书呆子”，这一点儿都不夸张。因为，在同龄人中我几乎一直是最高、最重的。更重要的是，我还留着蓬松的头发，戴着成人尺寸的眼镜。我不是学校里最酷的孩子。我更偏爱那些自己能独立完成的活动，比如收集硬币和石头、种植水晶、捕获虫子以及玩电子游戏。还有更多事情，不过我就不告诉你那些和书呆子有关的细节了。

小时候我从未做过的事情就是种植植物。虽然不知道为什么，但园艺从来没有吸引过作为孩子的我。直到我大学毕业，在自己的第一套公寓定居下来之后，才开始考虑从事园艺。那是我毕业后的第一个夏天，在经过新西兰和澳大利亚的一次旋风之旅后，我对大自然产生了一种新的看法。那年夏天，我的弟弟从大学校园回来住了几个月。通常，他会躲在房间里玩电子游戏，所以我提出了一些我们可以一起做的事情。我给了他许多很棒的选项，如冲浪、攀岩、滑板或园艺。

令我惊讶的是，他选择了园艺。

那时我们没有足够的空间来种植任何东西，所以刚开始我们只能在容器里种植罗勒，在水培系统里种植黄瓜。我弟弟负责照看罗勒，我负责照看黄瓜。他的工作比较轻松，罗勒长成为硕大而高产的植物，在接下来的好几个月里，为我们提供了制作美味青酱的原料。而我的黄瓜却又苦又畸形，且明显缺乏营养。虽然种植黄瓜失败了，但是我已经迷上了种植植物。

从那之后我想了解更多相关的园艺知识，于是找到了一份帮助梅尔·巴塞洛缪的工作。你们可能知道他的名字，他是《全新园艺》一书的作者。在与梅尔和他的非营利基金会一起工作时，我尽可能多地吸收了他的园艺智慧。这是一次非常宝贵的经历，我将永远感激梅尔给了我和他一起工作的机会。

2015 年，我创办了史诗园艺（Epic Gardening），在这个网站上分享我的植物种植经历。随着时间的推移，Epic Gardening 已经发展成为一个 Instagram 社区、一个 YouTube 频道和一个播客。它开始有了自己的生命，传播到许多不同的国家，影响了全世界数百万人。

《植蔬莳果——城市小空间园艺实践》是我在小空间种植植物的实验结晶。这些年来，我在小公寓、社区花园、后院、前院、阳台、屋顶，甚至壁橱里种植了各种各样的植物。我尝试过的方法和种植的植物种类比我能回忆起来的更多，而且都很棒。

因此，我希望通过这本书向大家展现我所学到的，并帮助大家确定哪种方法适用于你的境况。这就是为什么这本书被称为“园艺实践”。它不会帮助大家识别鸟类或树木，但是它提供了一个包含众多选项的目录，为像我们这样的人在任何环境下都能有一个奇妙的园艺体验提供了机会。我希望当大家掌握了所有这些内容之后，能够确定最适合自己的道路，并帮助你们建立起自己与园艺的特殊关系，尤其是城市园艺。我是一名城市园丁，城市园艺改变了我的生活。我真心希望不久后也能听到你们这么说。

不断成长
凯文

关于本书

本书的目的很简单：帮助大家揭开“绿拇指”[1]的神秘面纱，并向大家示范处于不同的生活环境中应如何开始从事城市园艺。

本书主要包括以下内容：

园艺基础知识

关于如何种植特定水果和蔬菜的信息非常多，几乎无穷无尽。我一直在做的是，试图将这些信息简化为培育一个美丽而多产的城市园艺空间所需要的基本知识。

城市园艺种植方法

这本书的主要内容包括对城市空间中最实用的种植方法的深入剖析，并附有一步步可实施的项目，以帮助大家开始种植。具体内容包括：

容器园艺——我称之为“乐高积木”法。植物在容器中生长，可以将任意大小的生活空间解锁为潜在的种植空间。

种植床园艺——“行之有效”的方法。种植床适用于大多数城市环境，我们可以充分利用狭小的空间来创建既美观又高产的园艺空间。包括了解种植床材料、土壤混合、高密度种植等知识。

垂直园艺——垂直园艺并不是一种独立的方法，而是一种将更多植物挤进更小空间的技术。包括了解植物如何自然攀爬，各种棚架的类型，以及DIY垂直园艺空间项目的所有信息。

室内园艺——“厨房园艺空间”法。你可能认为室内园艺仅限于室内植物，但只要有一点儿创造力，即使在一个小公寓中，你也可以种植出十分可观的农产品。这部分内容包括了解如何有效地使用窗台、打造室内香草园艺空间以及种植微型蔬菜。

阳台园艺和屋顶园艺——了解如何更好地利用有限空间，如何保护作物不受风和热的影响，以及如何巧妙利用不同高度的空间来美化你的家。

水培园艺——“高科技”方法。水培法听起来有点儿令人生畏，不过一旦开始，你可能会发现自己上瘾了。水培是一种无土栽培方法，这意味着你在任何小空间都可以建立一个水培系统。这部分内容包括水培园艺的基础知识，以及5种不同类型水培系统的构建。

常见的种植问题

你知道吗？大约40%的新园丁第二年就什么都不想种了。在最后一章中，我试图确保你不在那40%里。园艺很简单，但是在园艺中有很多事情可能会出错，只要一件坏事就会毁了你的努力。病虫害、环境条件和简单的园艺错误都有可能导致糟糕的结果。在本章中，你将了解在城市园艺中最常见一些问题，例如：

- 害虫
- 病害
- 人为错误
- 营养不足

在我们开始之前，还有最后一点需要提醒你。为了感谢你购买了这本书，我为你提供了一些扩展资源，请登录网站 www.epicgardening.com/fieldguide. 在网站上，你可以找到与本书中的各类计划和技术相关的文章、视频和音频等扩展资源。你可以将其视为数字化的现场指南，陪伴你在园艺旅程中不断前行。

[1]“绿拇指”指园艺技能或园艺高手。

JORDAN
WINES
LIMITED

城市园艺画廊

在我们深入研究之前，要知道有很多方法可以实现你的城市园艺目标。建议大家看一看我的网站——史诗园艺，里面有许多案例，展示了我在本书中谈到的一些实用的种植方法。

从复杂的砖砌种植床到华丽的阳台，再到简单的厨房香草窗台盆栽，在小空间中有多种种植形式。我的目标是让大家在这些种植方法中做出明智的选择，然后开始自己的种植之旅——无论你的居住空间有多小。

斜砌的砖块组成了这个美丽的郊区蔬菜花园的种植床。

古巴园丁在后院的露台上用水桶种出了漂亮的卷心菜。

◀

珍妮·潘(Jeannie Phan，@studioplants)公寓屋顶上令人惊叹的食用性植物和观赏性植物。

史诗园艺的读者贝特西·库钦卡在她位于郊区的后院外围布置了简易种植床。

卡特里娜·肯尼迪将旧的游乐场设备重新利用，改造为坚固的棚架，用于种植大量南瓜。

南瓜挂在卡特里娜·肯尼迪住宅后院的格子棚架上。

城市园艺不需要很复杂；重新利用的梅森罐非常适合用作厨房沙拉菜的种植容器。

阳台被丽莎·玛丽亚·特劳尔改造成了一个可种植植物的城市天堂。

面对有限空间的挑战，垂直的绿叶或草本植物墙可以从狭小的空间中挤出产品，这简直是一种不可思议的方法。

一堆简单的香草盆栽足以满足大多数厨房一年四季所需。

来自Eco Garden Systems的凯西展示了她的站立式庭院花园，里面种满了香草和蔬菜。

来自Zesty and Spicy的阿丽尔把她的阳台变成了一个生产珍稀香草和蔬菜的“机器”，里面有紫苏、传家宝番茄等。

你可以把任何东西改造成城市蔬菜种植容器，甚至是一个旧的陶瓷马桶。

除了堆肥，一些食材本身就可以作为种植容器使用。

这个城市园艺空间使用脚踏动力来灌溉所有种植容器。

较大的城市屋顶适合改造成蔬菜花园。

1

入门

我知道你已经迫不及待地想要投入园艺实践中去了。如果你是一名有经验的园丁，可以略过本章，遵循自己的计划。但对于新手园丁，或任何需要温习相关知识的人，请查看本章，在这一章中，你将了解到：

- 如何审视你的居住空间，并选择合适的种植方法
- 植物如何利用光、水、空气和养分
- 怎样 DIY 适合不同预算的经典种植土
- 应该从播种开始，还是从购买幼苗开始

理解这些基本原则将有助于你更好地开启城市园艺之旅。所以，让我们开始吧。

创造性地利用有限的空间是公寓园艺的关键。

你居住在什么类型的房子里？

从某种程度上说，居住空间决定了种植极限。如果你住在市中心的一间舒适的公寓里，那么与住在郊区独栋房屋的住户相比，你的种植选择的确会更少一些。不过请不要气馁，虽然选择较少，但并非没有选择。

公寓

即使住在小公寓里也不用灰心，你可以种植的东西还有很多。在这些空间中做园艺的关键在于充分利用有限空间。限制可以激发创造力，我发现一些最具创新性的园艺方法往往是由公寓园丁创造的。

推荐方法

- 垂直园艺
- 阳台和露台园艺
- 室内食材栽培
- 水培

利用雨水槽、吊篮和阳台栏杆进行垂直种植，是从空间中挤出美味收获（和美丽植物）的绝妙方法。如果你富有冒险精神，甚至可以设置一个水培系统，这样就可以在种植床上种植任何可以在户外种植的东西了。

联排房屋

联排房屋提供的空间稍大一些，因此也有了更多选择。典型的联排房屋是多层的，并且至少在一侧与另一单元相连，所以在室外种植空间方面，仍然有一定限制。

不过，大多数联排房屋都有较大的前后露台，这意味着你可以尝试需要更多空间的种植方法，包括容器园艺和种植床园艺。

通常，这两种方法能让你种植出在土地里生长的几乎所有植物，并且更易于维护。同时，遇到的病虫害问题会更少，并能对植物的生长环境有更多的控制，这意味着你将获得更多、更健康的食材。

一些多产的园艺空间是在小屋顶上诞生的。

独栋房屋

最后，我们来了解一下独栋房屋。对于大多数城市居民而言，独栋房屋拥有最大的园艺空间，在空间和种植方式方面均具有较大的灵活性。

假如你住在一幢独栋房屋中，那么本书中提到的所有方法都可以使用。但是我建议你要谨慎做出选择，因为刚开始时容易无所适从。你可以选择一种或两种种植方法并深入研究，而不是一股脑儿地全部尝试。随着种植经验的积累，你可以随时尝试更多的其他种植方法。

庭院空间为城市园丁提供了丰富的选择，例如这个经典的种植床。

当涉及在家里种植植物时，业主委员会可能会让你感到如芒在背。

城市园艺规则

就像任何萌芽运动一样，城市园艺也面临着成长的烦恼。因为城市、业主委员会，甚至我们的邻居都习惯了以某种特定方式来看待城市景观，所以当你尝试在家里自己种植植物时，经常会遇到一些问题。

分区条例

你的房产所在的城市分区将决定你在园艺方面可以做什么。本书的大部分读者可能都住在居住区内，这里通常是城市农业最受限制的地方。

如果在自己的院子里从事园艺实践活动，以供自己私用（甚至将农产品分送给家人和朋友），通常不会遇到分区问题。但是，如果你的园艺空间开始看起来像是商业运营的，就有可能遇到分区问题。

不幸的是，在分区问题上我们并没有一个固定的解决方案。每个城市都有不同的规则，有时甚至会涉及住宅分区的类型。因此，我建议大家查阅所在城市的总体规划，或者查看所在城市的相关法规。

即使你这样做了，问题可能依然得不到有效解决。当地法规对你在房产方面可以做什么或不能做什么，并不会规定得十分明确。但我仍然建议大家通读当地法规，最终这些对法规的理解往往都会转变为常识。如果你在为自己和朋友种植植物时不想成为一个令人讨厌的人，你就应该参照法规行事。

业主委员会

如果你住的房子是由业主委员会管理的，你可能会沮丧地发现，即使仅供个人消费，但在家中种植植物也是被禁止的。

通过阅读契约、条件和限制声明（CC&Rs），你会了解到是否允许在自己的土地上种植食物。CC&Rs 列出了你能做什么、不能做什么，以及违反规则后的惩罚措施。

以下是一些在契约中规定的可能会禁止城市园艺的几种常见情况：

- 限制从事商业活动
- 禁止院子的农业用途
- 为庭院设定外观标准，比如需要草坪

林荫大道园艺空间很受欢迎，也很有意义，但并不是每个城市都适用。至少，你可能会发现，一些地段对植物的高度是有限制的，尤其是在街角地块。

如果你在 CC&Rs 中看到类似的规定，有几种方法可以帮你规避。例如，在加利福尼亚州，业主委员会不得制定规则，以阻止房主种植用水量低的植物。虽然大多数蔬菜不会被归为低耗水植物，但确实有一些蔬菜的耗水量较低，比如：

- 豆类
- 辣椒
- 秋葵

最重要的是，如果业主委员会的规定与公共政策发生冲突，法院通常不会支持业主委员会制定的规则或公约。很遗憾，到目前为止，我们还不清楚“种植植物”到底是一项权利还是一个公共政策问题。希望这种情况在未来会有所改变。

最后，再次提醒，如果你住在由业主委员会管理的房产中，请确保一定要仔细阅读 CC&Rs，并权衡可能因违反规定而增加的风险。

照明会对潜在的盗贼形成威慑，以防止你的农产品被偷走。

保护你的园艺空间

这是一个可悲的现实——园艺空间经常成为路人寻找免费农产品的目标。大多数邻居都很欣赏我的园艺空间，当他们走过的时候会指点谈论它。但是每隔一段时间我就会发现，有人偷了我花几个月时间种植的番茄或胡椒。至少，这很令人沮丧。因此，以下是我制定的一些防止窃贼的策略。

照亮你的园艺空间

大多数盗窃或破坏行为都是在黑暗的掩护下发生的。建议你在园艺空间里安装一些室外太阳能灯，用作夜间照明。我发现，仅仅是让人看得见，就可以让许多想成为小偷的人望而却步。

安装围栏

这看起来可能很极端，但是如果可以从人行道进入你的园艺空间而没有任何物理障碍，那么遭受盗窃的可能性将会大大增加。因此，安装围栏能大大减少盗窃和故意破坏行为。同时，安装围栏也可以发挥你的创意，以下是一些建议：

- 竹制围栏便宜又美观
- 旧原木桩可以阻碍行人通行
- 笼子和棚架既可作为植物的支撑，也可成为路人的障碍

竖立标牌

有时，一点儿人情味就可以阻止盗窃或故意破坏。你只需要竖立一个简单的标牌，礼貌地要求路人“可以看，但不要碰”。不懂园艺的人往往不知道在照料植物上需要花费多少时间和爱，他们可能没有意识到破坏你的园艺空间所造成的损害。

围栏是阻止盗窃的一种美观的方式。

不懂园艺的人通常不知道种植植物要付出多少努力，一个标牌有助于让他人意识到这一点。

学习一些基本的园艺知识有助于你从开始时就具备优势，就像图中健康的幼苗一样。

绿拇指基础

在介绍具体的城市园艺方法之前，让我们先来了解一些种植植物的基本知识，这很重要。如果你已经是一位经验丰富的园丁，则可以跳过本节，当然复习一下也无妨。如果你是一位种植植物的新手，或是自称“棕拇指”，请仔细阅读本节。

我希望你不仅能逐步了解相关信息，而且能“看到幕后”，即真正了解植物是如何生长的。如果明白了“为什么”，当你成为一名园丁后，会更容易想明白应该“怎么做”。

如何知道种植什么以及何时种植

这些年来我被问得最多的问题就是：“我应该种什么？什么时候种？”

这些问题问得很好。如果不知道答案，你甚至无法开始种植任何东西。如果你最终种了不适合所在地区或季节的植物，结果肯定会不尽如人意。

正如你所想到的，并不是所有地区的气候都一样。我住在圣地亚哥，这里一年中的大部分时间都阳光充足、气候温和。听起来不错，对吧？从理论上讲，的确是这样，但也有一些缺点。在异常“炎热”的冬天，我很难种植典型的冬季作物，比如西蓝花和花椰菜。因为温度太高了，这些植物无法形成紧凑的花球。

虽然我所在的地区全年都有作物生长季，但其代价是不能种植某些适合寒冷气候的作物。

所以这里的结论是，你生活的环境很大程度上决定了你能种植什么。在美国，农业部将地理区域划分为不同的植物耐寒区。各区域的年平均最低温差为 5～6℃。数值越小，最低温度越低，数值越大，最低温度越高。

由于在每个区域增加了“a”和“b”的子区域，这个区划系统变得更复杂了一些，这表示各子区域内的每年平均最低气温相差 2.8℃。例如，5a 区年平均最低温度为 -28.9～-26.1℃，而 10b 区（我所在的区域）的年平均最低温度为 1.6～4.4℃。

更复杂的是，每个耐寒区都有“首次和末次霜冻日期”。这些日期指的是你所在地区平均会出现致命霜冻的最初几天和最后几天。这听起来可能有点儿绕。

- 地面种植的第一天应从末次霜冻日开始
- 收获作物的最后一天应到首次霜冻日为止

耐寒区域及其霜冻日期

区域 *	末次霜冻日期	首次霜冻日期
1	6 月 1—30 日	7 月 1—31 日
2	5 月 16—31 日	8 月 6—31 日
3	5 月 11—25 日	9 月 1—30 日
4	4 月 16—30 日	10 月 1—15 日
5	4 月 1—15 日	10 月 16—31 日
6	3 月 16—30 日	11 月 1—15 日
7	3 月 1—15 日	11 月 16—30 日
8	2 月 1—28 日	12 月 1—15 日
9	1 月 1—30 日	12 月 16—31 日
10	很少或从来没有	很少或从来没有

* 请注意：由于在极端地区种植极其困难，几乎没有人生活在这样的气候中，因此我省略了11区和12区。

因此，在着手种植之前，首先应该上网查查你所在区域的美国农业部植物耐寒区（planthardines. ars. USDA. gov），了解一下种植季节。例如，如果住在 6 区，末次霜冻日期通常是 3 月 16—30 日，首次霜冻日期通常是 11 月 1—15 日，那么你将有 8 个月的种植季。

了解耐寒区后该怎么做?

关于区划最重要的一点是，耐寒区只是一个一般的指导原则。区域划分并没有考虑当地的实际情况。他们所做的就是帮助你弄清楚，在你所在的区域，何时可以开始园艺种植，何时应结束园艺种植。

稍后，我将在微气候和作物保护方面进行详细阐述，以帮助你延长种植季，即在所属区域种植所谓“不应该”种植的作物。

如果在美国以外的地区呢?

耐寒区最重要的意义在于，气候将决定你是否可以在该地区种植植物，以及何时进行种植。但是，如果你住在美国以外的地方怎么办? 我的首要建议是查询当地的信息资源，来了解你所在国家 / 地区是否有与美国农业部类似的系统。当然，如果你进行一些在线搜索，也许可以自己找到此类信息，USDA 系统已覆盖了全球大多数国家。

以下是一些可供选择的其他资源：

澳大利亚。根据美国农业部系统，澳大利亚位于 7～12 区。澳大利亚国家植物园已经创建了自己的适应区，你可以在线查看。

加拿大。加拿大政府已经建立了一个类似的系统，称为“加拿大植物耐寒区”，你可以在线查看该系统。

英国。皇家园艺协会有一个从 H1a（相当于 13 区）到 H7（相当于 5 区）的系统。英国大部分地区都在美国农业部标准的 8～10 区内。

了解植物如何利用光线，对获取健康的、令人愉悦的果蔬产品至关重要。

植物需要什么才能生存

植物与人类对生存的要求是相似的，例如：

- 光
- 水
- 空气
- 营养物质
- 环境

数百万年来，某些植物已经适应了特定的地理或环境区域，它们对各类条件的需求量不尽相同。许多刚开始做园艺的人几乎都犯过同样的错误，即给不同植物提供完全相同的生长条件。

作为一名园丁，你必须记住，我们是在人工环境下而不是在自然环境中种植植物。如果想让植物茁壮成长，就必须给它们提供适当的生长条件。

光

还记得在学校学过的光合作用吗（你也许对它了解得并不多）？可能是因为它由好多个数字和字母组成，看起来很复杂：

$$6H_2O+6CO_2 \rightarrow C_6H_{12}O_6+6O_2$$

这里我们可以将其简单解释为：

植物利用光、水和二氧化碳来制造糖，糖在细胞呼吸过程中转化为ATP（为所有生物提供能量的物质）。

所以，只要你给植物光照，它们就会长得很好，对吗？不完全是。植物接受光照的质量、数量和时间都会极大地影响它们的生长速度。

光质

看一眼绚丽的彩虹，就能清楚地看到“白色”光是由不同颜色的光所组成的。但是，你知道吗？其实植物更喜欢某些特定颜色的光。

作为园丁，当我们说起光时，最感兴趣的是光的范围，即所谓的光合有效辐射。该范围介于400～735nm之间，涵盖可见光的全部光谱。

植物在生长早期喜欢紫色/蓝色（400～490nm）的光，这一时期它们会长出很多枝和叶子。当它们开花和结果时，需要更多的黄色、橙色和红色光（580～735nm）。

如果你在户外种植，这些变化会在季节更替中自然发生，因此你不必太担心。但是，如果在空间有限的情况下，你在室内种植时使用了生长灯来进行照射，则需要依据植物生长的不同需求来调整灯光的色温。在后面的水培章节中，我将对此进行更深入的介绍。

光量

现在我们已经知道了植物喜欢的光谱，下面我们需要看看它们需要多少光。无论你是在户外阳光下种植还是在室内光下种植，这里有两个缩略词需要理解：

PPF（光合光子通量）。一个光源每秒辐射出的光子量，单位μmol/s。

PPFD（光合光子通量密度）。在特定距离下，每平方米每秒光源辐射出的光子量，单位μmol/（m^2·s）。

我知道这听起来不太容易理解，但是了解植物如何利用光是非常重要的。我们可以把光想象成数以亿计的小雨滴落在植物叶子的表面。这就是我们所说的光照量，即植物在光合作用过程中使用的光子密度有多高。

在户外种植也会面临同样的挑战。树荫、阴天或者邻居家的树挡住了你的房子，这些都会妨碍植物获得足够的光照。许多园丁之所以选择在室内种植，就是因为他们可以更好地控制植物的光照量。

如果你有在户外从事园艺活动的计划，也不必害怕。在后面的章节中，我将会谈到园艺空间应如何选址才能充分利用阳光。

光照时间

有些植物比其他植物更喜光，有些植物的关键生长过程只有在天黑时才会进行，还有一些植物可以在24h的光照下茁壮成长。关于植物和光照最重要的是，了解植物一天需要多少时间的光照。通常这是以每天的小时数来计算的，如果说得更确切些，我们应关注的是日累积光量（DLI）。

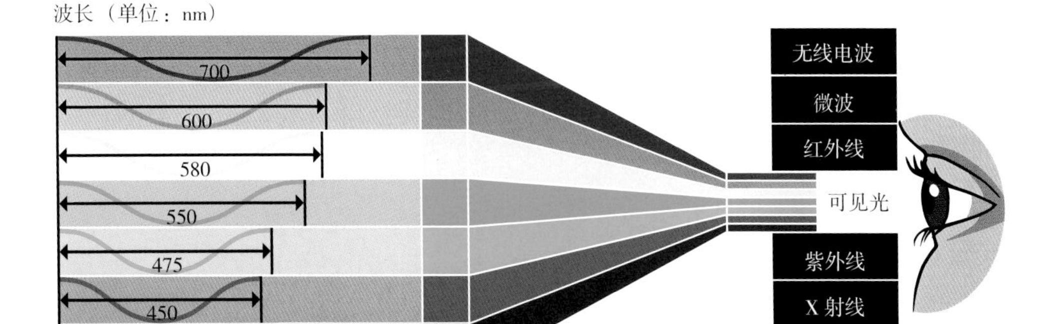

植物（光合作用）主要使用的可见光波长范围为400～735nm。

这张图片完美示范了正确的人工浇水技巧。

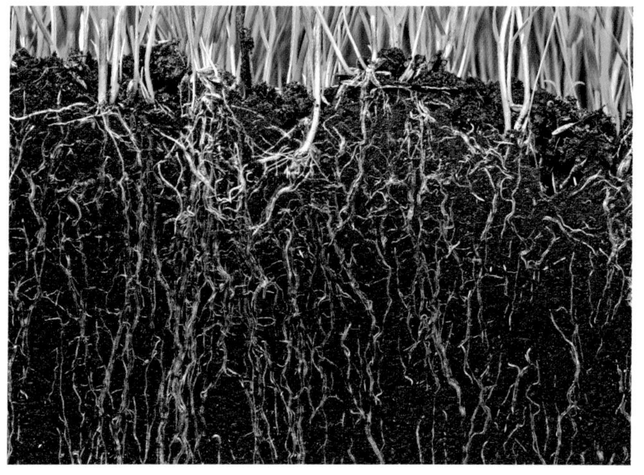

和人类一样，植物的根也需要呼吸。

日累积光量是指特定植物在24h内需要积累的光量，通俗来说，即为每天光照的小时数，它的数值取决于植物在何处自然生长，以及植物所处的发育阶段。例如，菠菜每天接受光照4～5h就可以了，而番茄每天至少要接受8h的光照。

水

和人类一样，植物大部分也是由水构成的。事实上，西瓜92%的组成成分是水，它是名副其实的“水瓜”。相比之下，人类大约只有60%的组成成分是水。

从光合作用到保持硬挺和直立，植物几乎在每一个生长阶段都要用到水。现在，关于水，你所需要知道的是，浇水太多或太少是大多数新园丁经常犯的错误。

有一条很好的经验法则，即在浇水之前，每天检查一下土壤。把手指伸进土里几厘米，检查湿度。一般来说，当土壤干燥5～7.5cm深时，就需要给植物浇水了。随着时间的推移，你会养成浇水的习惯，但在一开始，多检查总比少检查好。

空气

如果把光合作用看作是一个制造过程，那么其中一个原始输入就是二氧化碳。从哪里能获取大量的二氧化碳呢？答案是在空气中。植物会通过气孔吸收二氧化碳，并在许多生命过程中用到它。

植物还有一个部分也爱空气，那就是植物的根系。根系喜欢氧气，因为氧气能让根系从土壤中收集水分和养分。你可能会惊讶地发现，如果一株植物的根没有得到足够的氧气，它就会被淹死。我将在“土壤”部分更多地讨论如何避免这种情况发生。

风呢？风对植物而言，既有益，又有害。风可以帮助植物降温，减少真菌疾病的发生，增强植物的结构强度。与此同时，过强的风会造成植物过度干燥，将杂草种子撒得到处都是，甚至会吹断植物的茎。

用有机颗粒肥料对种植床进行追肥。

营养物质

植物需要营养来维持生长。事实上，植物需要17种不同的大量元素及微量元素才能茁壮成长。

其中的“三巨头”是氮、磷、钾。你可能更熟悉NPK这一缩写，在一袋肥料上通常会用3个数字标识，比如“3-5-3”。虽然氮、磷、钾是植物的主要营养成分，但植物也需要更多的“被遗忘的士兵”（微量元素）才能茁壮成长。

从水和空气中，植物能获得：

- 碳
- 氢
- 氧

从土壤中，植物能获得：

- 钙
- 镁
- 硫
- 铁
- 钼
- 硼
- 铜
- 锰
- 钠
- 锌
- 镍
- 氯
- 钴
- 铝
- 硅
- 钒
- 硒

环境

不同的植物适应于不同的生长温度。如果它能在较冷的气候下生存，我们称之为耐寒植物。如果它能在较温暖的气候下生存，我们称之为耐热植物。当你对某些作物和它们喜欢的环境条件有了一定了解后，你就可以选择在园艺空间的不同位置有策略地种植它们。例如，你可以把几株菠菜挤种在下午最先得到阴凉的地方，因为它是最耐阴、最耐寒的蔬菜之一。如果你有一片整天都被太阳曝晒的区域，那可能是种植秋葵的好地方。

植物生长的环境还包括风应力、湿度、与其他有益植物的接近程度以及在园艺空间中或家中的总体位置等因素。

这些城市园艺的细微差别将伴随实践和理解不断显现。说到理解，是时候了解园艺中最重要的元素之一——土壤了。

蚯蚓的存在是土壤健康的绝佳标志。

土壤里有什么?

首先，我们来谈谈土壤的类型。土壤主要由 3 种不同的颗粒组成：沙粒、粉粒和黏粒。某些类型的土壤比其他类型的土壤更适合种植植物。

黏粒颗粒最小，其次是粉粒，沙粒颗粒最大。当土壤只由其中一种类型的颗粒组成时是不适合种植的，这种土壤可能会出现透气性差、水分过多、容易压实等一系列问题。

在完美的园艺空间中，沙粒、粉粒、黏粒和有机物相互平衡，形成了一种叫作“壤土”的土壤，这种土壤排水性良好，营养丰富，为植物保留了足够的水分。简而言之，壤土是种植植物的“圣杯”。

土壤——园艺工作的基石

虽然我们每天都走在上面，但大多数人很少会注意到我们脚下的世界。土壤是一种奇特的东西，它由有机质、矿物质、液体、气体和微生物等组成，所有这些物质结合在一起，支撑着这个普通星球上的大部分生命。

关于土壤的图书已经出版过很多种，但是对于一名城市园丁来说，仍有必要理解几个关键的概念，这样可以让你的园艺生活更轻松。作为一名园丁，关于土壤要注意以下 3 点：

- 土壤的类型
- 土壤的养分含量
- 土壤中的微生物

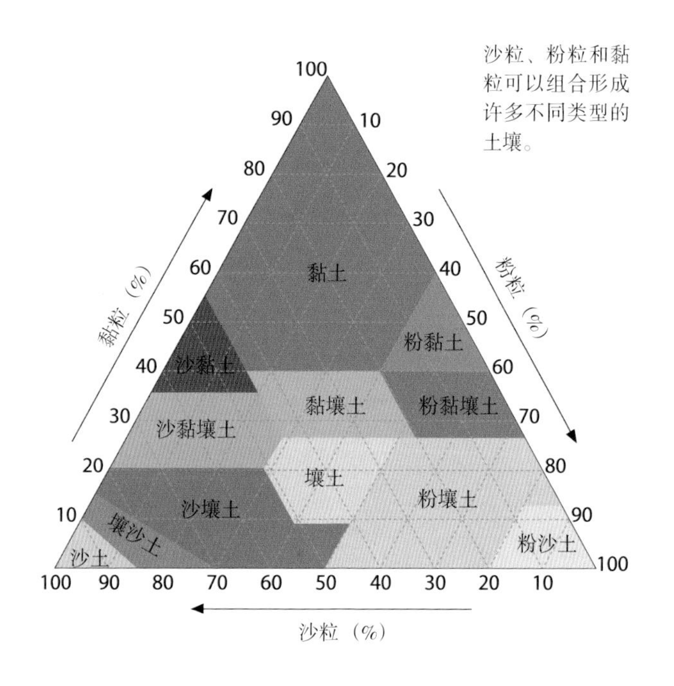

沙粒、粉粒和黏粒可以组合形成许多不同类型的土壤。

壤土是我们制作混合土时所追求的目标。

然而，在我们刚开始接触园艺时，大多数人都没有肥沃的土壤。我们也可能是在容器中种植植物，所以必须从头开始创造完美的土壤。这听起来像是一项艰巨的任务，但在本节后面的内容中，我将介绍几种你在家里就能做的简单的土壤配方。

壤土

- 重量：中
- 营养：中—高
- 排水：中
- 其他：沙粒、粉粒和黏粒的混合物

壤土的经典配比是40%的沙粒、40%的粉粒和20%的黏粒。这一比例可以向3种壤土颗粒中的任意一种倾斜，从而产生诸如沙土、粉沙土、黏土等壤土子类型。了解壤土很重要的一点是，它具有每种土壤颗粒的优点，而没有太多的缺点。它含有大量的营养物质，能保持水分（但不能太多），颗粒之间为空气和微生物保留了足够的空间。

大颗粒、排水良好的沙土通常需要适当改良。

以粉粒为主的粉沙土通常需要一些堆肥，以使它们适合于种植。

现在让我们来看看这3种土壤质地的不同特征。

沙土

- 重量：轻
- 营养：低
- 排水：非常高
- 其他：容易吸热且呈酸性

沙土以大颗粒为主，多孔、排水良好，但持水能力差。由于这些大的沙粒通常不包含有机物，因此沙土通常缺乏营养物质。

沙土改良方案

添加7.6～10cm厚的堆肥或腐烂的肥料。

加入2.5cm厚的叶子、草屑、树皮或其他有机覆盖物以保持水分。

每年添加5cm厚的有机物。

粉沙土

- 重量：轻
- 营养：中
- 排水：中
- 其他：易于压实和清洗

粉沙土比沙土的黏粒多一点儿，但不太多。典型的粉沙土中黏粒的含量不到10%。这使得它容易被压实，从而没有空间让空气和水渗透到土壤中去。

粉沙土改良方案

- 每年增加2.5cm厚的有机质层
- 留意土壤表面是否有结壳
- 避免在土壤表面踩踏，以减少压实

重黏土是最难处理的土壤类型之一。

黏土

- 重量：重
- 营养：高
- 排水：低
- 其他：容易变干和结块

黏土的类型有点儿复杂，会有一些变化。根据黏粒所占比重，黏土可分为轻黏土（10%～25%），中黏土（25%～40%），或重黏土（40%）。每一种类型黏土的品质都稍有不同。

轻黏土在干燥时很容易形成“饼状”或“结壳”。当它变干时，通常会变得非常坚硬，需要用手或电动工具将其打碎。

中黏土比轻黏土颜色更深，具有更好的抗结壳和结块能力。它还具有将水和空气输送到植物根部的良好能力。然而，如果环境条件太干或太湿，这种土壤类型仍会出现问题。

重黏土是最能保持水分的土壤类型之一，但这并不一定是件好事。因为水与土壤紧密结合在一起，植物通常很难获得这些水分。如果浇水过多，重黏土就会变成腐泥，淹没植物的根系。

黏土改良方案

- 向土壤表面施加5～7.6cm厚的有机物，使其松动
- 使用永久性升高种植床，以改善排水
- 避免踩在泥土上，尽量减少压实

重黏土非常黏，捏一捏就会变成质地光滑的球状。

壤土能保持形态，捏一捏也仅会稍微碎一些，但这正是我们想要的土壤类型。

简单的土壤测试——确定你的土壤类型

现在，你已经对土壤的结构有了一定了解，下面让我们来弄清楚你家中的土壤属于哪种类型。

挤压测试

取一把湿润的（但不是湿的）土壤，紧紧地挤压。张开你的手，看看土壤呈现的形态。

能够保持自身形状，直到你戳它之后才会破碎。恭喜，这表明你拥有的是肥沃的壤土。

即使被戳，它也能保持形状，这表明你拥有的是黏土。

手一张开，它就散架了，这表明你可能拥有的是沙土或粉沙土。

梅森罐测试

梅森罐测试是一种检测土壤结构的简单、便宜的方法。

在一个干净的梅森罐中装入一半你家中的土壤样本。可以在不同区域取样土，这样能更好地代表整体土壤质量。

把罐子的其余部分装满水，在顶部留出大约2.5cm深的空间。拧上盖子，用力摇晃至少1min，使土壤混合。

把罐子放在一个平坦的表面上，静置至少一天，让颗粒沉淀下来。静置后，土壤中的颗粒将分为以下几层：

- 沙粒、岩石和其他大的颗粒将沉入罐子底部
- 中间会有粉沙颗粒
- 黏土颗粒会慢慢地沉淀在土壤顶部

现在，你可以粗略估计出土壤中每种类型颗粒的总量了。记住，理想的土壤是壤土，由大约40%的沙粒、40%的粉粒和20%的黏粒构成。

排水测试

虽然挤压测试可以让你了解土壤的保水能力，但我有一个更好的方法来测量土壤的排水能力。

- 挖一个2.5cm深、直径15cm的坑
- 用水把坑填满
- 跟踪观察坑中的水完全排掉需要多长时间

如果这个过程需要超过4h，那么土壤的排水能力就很差。

确保在一个土壤样本里包括多个区域的土壤。

摇晃前土和水的混合物。

沉淀72h后的3种不同的样土。

University of Minnesota
Soil Testing Laboratory

SOIL TEST REPORT
Lawn and Garden

Client Copy
Department of Soil, Water, and Climate
Minnesota Extension Service
Agricultural Experiment Station

Page 1
Report No. 58014
Laboratory No. 120493
Date Received 04/09/14
Date Reported 04/14/14

Sample/Field Number: MARK

SOIL TEST RESULTS

Estimated Soil Texture	Organic Matter %	Soluble Salts mmhos/cm	pH	Buffer Index	Nitrate NO3-N ppm	Olsen Phosphorus ppm P	Bray 1 Phosphorus ppm P	Potassium ppm K	Sulfur SO4-S ppm	Zinc ppm	Iron ppm	Manganese ppm	Copper ppm	Boron ppm	Calcium ppm	Magnesium ppm	Lead ppm
Medium	8.3		7.2				100+	188									

INTERPRETATION OF SOIL TEST RESULTS

Phosphorus (P) PPPPPPPPPPPPPPPPPPPPPPPPPPPPPPPPPPPPPPPPF
5 10 15 20 25
Low Medium High V. High

Potassium (K) KKKKKKKKKKKKKKKKKKKKKKKK
25 75 125 175 225
Low Medium High V. High

pH
3.0 4.0 5.0 6.0 7.0 8.0 9.0
Acid Optimum Alkaline

Soluble Salts
0 1.0 2.0 3.0 4.0 5.0 6.0 7.0 8.0 9.0 10.0
Satisfactory Possible Problem Excessive Salts

RECOMMENDATIONS FOR: Vegetable garden

LIME RECOMMENDATION: 0 LBS/100 SQ.FT.
TOTAL AMOUNT OF EACH NUTRIENT TO APPLY PER YEAR:*

NITROGEN 0.15 LBS/100 SQ.FT.
PHOSPHATE 0 LBS/100 SQ.FT.
POTASH 0.1 LBS/100 SQ.FT.

THE APPROXIMATE RATIO OR PROPORTION OF THESE NUTRIENTS IS: 30-0-20

Use a fertilizer with the percentage of nutrients closest to the above ratio. Apply according to the instructions on the fertilizer bag or container, or determine the amount required from the instructions given on the back side of this report. Since meeting the exact amount required for each nutrient will not be possible in most cases, it is more important to apply the amount of nitrogen required and compromise some for phosphate and potash.

If a fertilizer contains phosphate and/or potash, it can be mixed in the spring or fall into the top 4-6 inches of topsoil. If a fertilizer containing only nitrogen is used, it should be applied in the spring, tilling or raking it into the surface. Nitrogen is easily leached through soil.

For sweetcorn, tomatoes, cabbage, and vine crops such as squash and cucumbers, an additional application of 1/6 lb. nitrogen per 100 sq. ft. may be desirable at midseason. This can be accomplished by applying 1/2 lb. (about one cup) of 34-0-0 fertilizer. Throughly water fertilizer into the soil.

土壤检测实验室会出具一份详细报告，并对土壤改善提出相应的建议。

土壤样品已准备好，以供实验室检测。

应该去做一份专业的土壤检测吗?

如果你想要获取所有的土壤信息，可以考虑去做一次土壤检测。大多数当地苗圃和园艺中心都与土壤检测实验室有联系。你也可以联系当地的推广办公室。它们与大学和其他资源有良好的关系，可以帮助你解决土壤检测问题。

做好土壤检测的关键是正确收集土壤样本。通常，我们在15~20cm的深度进行取土。将这样的土壤放进一个桶中，然后到不同区域，用同样的方法收集土壤，以确保样品的全面性。

土壤检测实验室检测样品后会出具检测报告，包括pH、质地、养分密度，以及改善土壤问题的相应建议等。这份报告绝对是你了解土壤情况的最佳方法之一。

土壤里还有什么？

如果你仔细阅读了“土壤质地”部分，就会注意到我说过土壤主要是由沙粒、粉粒和黏粒构成的。这是因为土壤中还含有空气、水、有机质和微生物。土壤是一个真正的各种原料的大杂烩，所有的成分共同作用来供养植物。

空气

植物和人类一样需要呼吸。植物的根在土壤中寻找宝贵的氧气。如果土壤被压实了，植物就会窒息而死。

水

水不仅是植物生长所必需的原材料，也是土壤中的微生物和蚯蚓的饮水来源。只要土壤能保持足够的水分(但不要太多)，你就没有什么可担心的。

有机质

有机质是土壤的重要组成部分，它滋养了土壤中所有活的微生物，这些微生物将其分解成各种组成部分，从而为植物提供养分。园艺术语中一种最恰当的表达是将有机质比作一种“缓释”肥料。由于微生物分解需要时间，因此它的养分释放得较为缓慢。

微生物

健康的土壤中生活着数百万种不同的生物体——微

生物，它们在“土壤食物链”中都有自己的位置。我们在培育健康土壤的同时，也培育了土壤中的整个生态系统，而这个生态系统反过来会为我们提供茁壮、健康和多产的植物。

蚯蚓是生活在健康土壤中最容易识别的生物之一。

制作优质的混合土

现在我们已经对土壤如何工作有了深刻的理解，是时候制作混合土了。市面上有很多不同的配方，每种配方都有自己的“最佳”土壤组合。

但事实上，最好的混合土要适合独特的种植环境。每一种混合土都需要以下 3 种品质相结合：

- 通风和排水
- 保水性
- 营养

居住的地方和能接触到的东西，很大程度上决定了用于制作混合土的材料。也就是说，刚开始时，最好争取每一种土壤的比例为 1 : 1 : 1。

各种各样的土壤改良剂可用于DIY混合土。

从上面开始，顺时针方向依次是泥炭苔藓、珍珠岩、堆肥、有机肥和蚯蚓肥料。

搅拌均匀，同时加水润湿。

最后完成的种植床混合土。

小贴士：如果想让旧的、没有病变的盆栽混合土重新恢复活力，可以将我们列出的每种成分取少量，混合均匀后加入混合土中。

使用防水布或手推车保持物品整洁，并充分混合土壤中的所有成分。然后，将混合土转移到容器或种植床上。

等到土壤处于休眠状态时，在土壤中添加有机改良剂。在最上面7.6～15.2cm处的土壤中进行添加，并浇水。

种植床混合土

这种混合土是专为种植床而设计的，由于土壤体积较大，因此不需要担心水分流失问题。这是一种常见的成分均衡的混合土，你可以考虑是否使用土壤改良剂。我推荐的都是这些年来对我有用的方法。

成分

- 1份珍珠岩（用于通风和排水）
- 1份泥炭苔藓或椰糠（用于保水）
- 1份混合堆肥（用于提供有机物质和营养）
- 撒上Azomite[②]、海藻粉和蚯蚓茶（用于微量营养素和土壤微生物培养）

最终，混合土成本很低。

②Azomite：一种弱碱性（pH 8.0）火山矿物粉末。

第一排，从左到右：堆肥、沙土、表土；下面一排，从左到右：有机肥料、蚯蚓肥料。

第一排，从左到右：泥炭苔藓、珍珠岩、堆肥；下面一排，从左到右：蚯蚓肥料、有机肥料。

非常便宜的混合土

如果你找不到种植床混合土中的一些原料，或者倾向于使用一些更便宜点儿的成分，也可以制作出非常棒的沙壤混合土。

成分

- 1 份已过筛的表层土
- 1 份建筑用沙
- 1 份混合堆肥

仅用这 3 种成分就可以得到很好的沙壤混合土，非常接近我们想要的种植床混合土或容器混合土。更棒的是，如果你懂得充分挖掘资源的话，所有这些成分都不用花费一分钱。你可以从院子里得到表层土，从海滩上得到沙子，从当地的市政部门那里得到堆肥。如果想降低混合土病害或杂草种子出现的概率，你可以用园艺中心的袋装黑土来代替表层土。如果你想持续获得原料，也可以自己动手制作堆肥。

因为这些原料通常比较便宜，或者是免费的，所以有时质量不太好。我建议大家仔细检查，同时用筛子筛掉岩石、树皮和会阻碍植物根系生长的其他大颗粒物质。

这种混合土的优点在于不仅成本低，而且混合了土壤颗粒，结合了不同的土壤质地，这样形成的混合土不会像水泥一样铺在种植床上。混合质地能够达到良好的通气性和最小的压实度。

盆栽混合土

好的盆栽混合土可以比种植床混合土保留更多水分。由于种植土壤的体积越小，干涸速度就越快，这样会让植物在炎热中干渴受苦。因此，我们要通过加入一些成分来提高混合土的保水性能。

成分

- 2 份泥炭苔藓或椰糠
- 1 份堆肥或腐烂的肥料
- 1/2 份珍珠岩、蛭石或浮石
- 可选：花园石灰、白云石、泻盐

堆肥滚筒是一种紧凑高效的城市堆肥方式。

将堆肥融入城市园艺空间

创造一个没有任何堆肥系统的园艺空间是完全没有问题的，特别是对于植物种植领域的新手而言。然而，如果你想尝试一种补充土壤养分最有效的方法，请接着阅读下文。

简单地说，堆肥就是把有机物堆成一堆，让其分解。这在自然界中经常发生，而在人为操作下，可以使这一过程大大加快。

堆肥的基础知识

市面上有很多关于堆肥的图书，而本书中的这部分内容是用来激发你对这一主题兴趣的。堆肥的规则很简单，但在园艺实践中却很难做到尽善尽美。如果你在第一次尝试中遇到了麻烦，不要气馁，几乎每个人都会遇到此类情况。

首先要解决的问题是，堆肥堆中要添加什么？有机物可以分为棕色和绿色两类，或者高碳物质和高氮物质。在堆肥中，我们的目标比例为25～30份的碳对比1份的氮。

如果堆肥物中含碳太多，那么整个过程将会减慢。如果堆肥物中含氮过多，那么肥堆通常会过于湿润，并会散发出一种难闻的味道。

但是，不要将这个比例简单地理解为你需要添加的棕色有机物是绿色有机物的30倍以上，这就太离谱了。棕色和绿色有机物都有各自的碳氮比，之所以这样命名是因为绿色有机物的含碳量比棕色的少得多。

阅读下页图表，你就会明白我的意思。蛋壳的碳氮比为10：1，而新鲜垃圾的碳氮比为30：1左右。松针的碳氮比为80：1，而报纸的碳氮比为175：1。我们的目标是在堆肥时使用配料的平均碳氮比为30：1左右，这是最佳选择。

与其把食物残渣扔进垃圾桶，不如把它们变成丰富的黑色堆肥。

绿色有机物（碳氮比）	棕色有机物（碳氮比）
新割的青草（17：1）	干树叶（70：1）
蛋壳（10：1）	锯末或小木屑（500：1）
咖啡渣（25：1）	撕碎的报纸（175：1）
新鲜垃圾（30：1）	稻草或干草（90：1）
海藻（19：1）	松针（80：1）

在配制出完美的棕色和绿色有机混合物之后，就可以把它们加到肥堆里了。分层交替放置是一种好方法，可以确保肥堆的任何部分都没有过度堆积某一种类型的材料。

小贴士：加到肥堆里的肥料越少，分解得越快。粉碎的材料所增加的表面积使其更容易被微生物分解掉。

当把原料放到肥堆里之后，有 3 个方面需要关注：

温度——一个好的、活跃的肥堆温度应该保持在60 ~ 70℃。这个温度足以分解有机物，但又不至于热到让微生物死亡。

通风——良好的空气流通能促进需氧微生物的生长，这些微生物正是我们想要的能够分解肥堆的细菌。空气流通过少会滋生厌氧细菌，导致肥堆腐烂难闻。

湿度——肥堆应该是感觉湿润但不潮湿的。抓起一把堆肥，应该感觉像挤出水后的海绵一样湿润。

解决最常见的堆肥问题

制作高质量的堆肥是一个艰难的过程。任何时候肥堆都有可能失去平衡。如果在堆肥的过程中遇到问题，请参阅右表。这些是我自己在堆肥中最常遇到的问题和解决方案。

问题	解决方案
肥堆干燥且没有升温	肥堆需要加水。可以加入更多的绿色有机物，或者浇水直到用手捏时感觉肥堆有点儿湿润
肥堆潮湿且没有升温	热量的积累是由体积引起的。通常需要大约 $0.8m^3$ 的材料才能保持热量。你要在肥堆中添加更多材料
肥堆大、湿且没有升温	向肥堆中加入更多的绿色有机物，用叉子或铲子翻动肥土来增加空气流通
肥堆保持热度的时间不够长	翻动肥堆，小心地将中间的肥土移到外侧
肥堆潮湿且难闻	向肥堆中添加更多棕色有机物
没有材料被分解	添加更多绿色有机物和水，然后将肥土搅拌均匀
各层蓬乱且不被分解	不要在同一层上大量添加同一类型的材料。分割蓬乱的材料，把大块的切成合适的尺寸，然后搅拌肥土

3 种主要的堆肥技术

堆肥有几种不同的方法，每一种都有其独特的过程。无论选择哪一种，都取决于你的冒险精神，以及你能给堆肥系统留出多少空间。

热堆肥法

在城市环境中，滚筒堆肥机可以更好地利用空间，以更快的速度完成堆肥。由于采用了旋转设计，它们便于通风和添加材料，如果你放入切碎的绿色和棕色有机物，堆肥效果会很好。如果管理得当，你可以在短短3～4周制造出堆肥。

波卡什（Bokashi）堆肥法

波卡什堆肥法是一种厌氧堆肥方法，这意味着它不需要氧气来发挥作用。你需要做的就是将食物残渣放入密闭的桶中，然后在上面铺上波卡什麸皮，这种麸皮被接种了特定的微生物，这些微生物会分解和发酵食物残渣。

食物残渣发酵后，你可以将其混合到土壤中，也可以将其扔入堆肥滚筒中以完成后续处理。波卡什堆肥法有一个重要注意事项，即最终的产物并不是真正的堆肥。但是，这一发酵过程能促使最终的分解过程变得更快。

在垃圾箱里进行热堆肥是最可靠的方法之一。通常会使用3个不同的垃圾箱，以便在分解的不同阶段移动肥堆。你也可以使用单个垃圾箱，让堆肥在不移动的情况下完成。

为了方便使用和缩短时间，可以考虑使用堆肥滚筒机。

这是一个很好的采用波卡什堆肥法发酵预堆肥的案例。

蚯蚓堆肥法

蚯蚓堆肥是我在城市环境中最喜欢的堆肥方法。利用蚯蚓来分解食物残渣和褐色垃圾是最快的堆肥方法之一。此外，它还有利于小型堆肥操作，对于城市园丁来说是完美的堆肥方法。

如果打算尝试蚯蚓堆肥，不需要花费太多，或者采用某些花哨的系统。我们只需要用到较大的购物袋，在侧面和顶部钻一些洞就可以了。

红蚯蚓是用作蚯蚓堆肥的最佳品种。它们能很快地处理食物残渣，仅2000条红蚯蚓每天就能吃掉多达450g的食物残渣。它们的数量每3个月就会翻一番，并且它们也是能够自我调节的生物体，如果没有足够的资源，它们就不会繁殖太多。

虽然蚯蚓喜欢食物残渣，但有几种食物例外。这些食物会极大地改变垃圾桶的pH，或者刺激蚯蚓在垃圾桶里蠕动：

- 肉类、骨头或任何油脂
- 任何乳制品（碎蛋壳是可以的）
- 罐装和/或加工食品
- 柑橘
- 洋葱或大蒜
- 任何辛辣食物
- 肥皂
- 光滑的或带有彩色墨水的纸制品
- 有毒植物
- 用杀虫剂处理过的垃圾

几乎所有厨房中的食物残渣都能被蚯蚓迅速吃掉。

你可以用一个简单的手提袋开始蚯蚓堆肥。

蚯蚓堆肥的过程与传统堆肥过程有些不同，因为与传统堆肥过程中的微生物活动相比，蚯蚓堆肥中用来分解废物的生物要大得多。我们需要给蚯蚓堆肥箱铺上垫料供它们休息，碎报纸和锯末是很好的选择。然后，将食物残渣和更多的垫料铺在堆肥箱里，直到堆肥箱装满，注意保持箱内干净、湿润，以及空气流通良好。

将蚯蚓从肥料中分离出来

如果堆肥已经完成，这些蚯蚓应该把它们的垫料和食物残渣都变成了深色、营养丰富的蚯蚓肥料，也被称为“黑金”。在使用这些肥料之前，必须把蚯蚓先弄出来，这样你就可以把它们放到另一批食物残渣上继续工作了。

有两种不同的收获蚯蚓肥料的可靠方法：

- 将完成的肥料移到堆肥箱的一侧，将食物残渣移到另一侧，蚯蚓会自然地迁移到食物残渣中
- 将另一个堆肥箱放在现有堆肥箱的顶部，并在底部打孔，然后在新堆肥箱中填充垫料和食物残渣。蚯蚓会向上迁移到新的堆肥箱中，从而使自己与肥料分离

观察：园艺的终极技能

园艺往往与植物无关，但一切都与你有关。在园艺实践中最重要的技能之一就是你自己的注意力和意识。

这听起来似乎很玄妙。但是，睁开眼睛，注意正在发生的事情，你便可以真正“看到”植物的生长情况，并对植物生长产生更深入的理解。通过实践，你可以获取以下技能：

- 在病虫害全面蔓延之前发现问题
- 在还来得及之前，发现植物疾病的征兆
- 在营养缺乏失控之前，注意到营养不足
- 了解植物对环境的反应

毫无疑问，集中注意力是我们需要练习的首要技能。另外，这也是一种静心平和的成长方式。我发现，即使一天中只有 20min 时间从事园艺活动，也能让我在现实世界中得到短暂的休息。

如果你决定不从播种开始，也无妨。

由来已久的争论：播种还是移植

作为一名新手园丁，如果我建议你应从当地苗圃购买幼苗开始种植，你可能会想，“这难道不是作弊吗？难道我不应该从播种开始种植我的所有植物吗？”

这当然是一种选择，但是从播种开始的种植过程，很多事情可能会出错，这会拖延你的种植季节。你最不想发生的事情可能就是，刚开始种了一些番茄种子，结果到了要把它们移到园艺空间中的时候，它们却病了（或者已经死了）。那么你就错过了整个种植期。

如果符合以下几种情况，可能从苗圃购买幼苗比从种子开始种植更有意义：

- 刚刚开始从事园艺活动
- 想种植的植物从播种开始难度很大
- 想种植一种找不到种子的地方品种
- 需要尽快种些东西，等不及种子发芽
- 想快速种植来“填补”空白区域

当你在园艺实践中获得了更多经验，从播种开始会变得更容易、更愉快。几个月前，我成功地把一个番茄切成小块当作小种子种在地里，这让我有一种特别的满足感。

简单的播种启动过程

如果你想尝试从播种开始种植植物，可以遵循以下简单的步骤。切记，小幼苗在它们生命之初需要精心照料，所以请不要忽视它们。

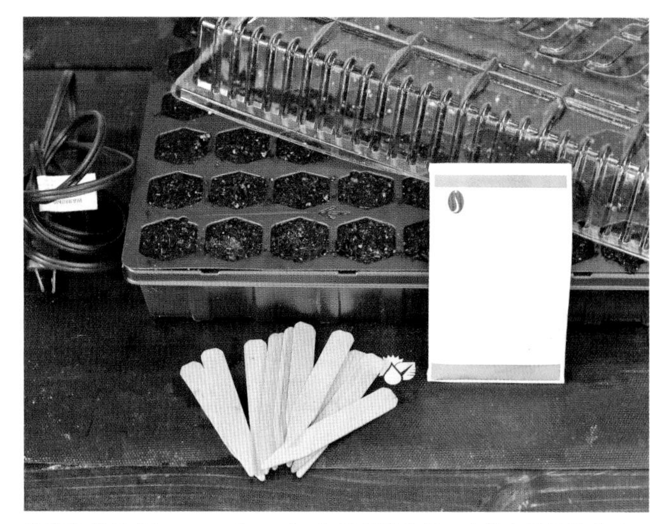

从家和花园（home-and-garden）商店里购买一个基本的播种启动工具包，或者在房子周围搜寻材料，两种方法均可。

开始之前

- 为每棵植物多预留一些种子，以备不时之需
- 仔细阅读种子包装，有些种子必须先浸泡、刮擦（划痕）或冷藏，然后才能成功发芽
- 使用干净的容器，避免幼苗在生命早期受到污染
- 用胶带、标记或植物ID给容器贴上标签，没有什么比忘记自己种了什么更糟糕的了

在容器中装满为幼苗制作的盆栽混合土。你也可以使用等量的泥炭苔藓、珍珠岩和堆肥。

如果你使用的是普通盆栽土，可能会引入来自户外的污染物和病原体，这些会导致幼苗染上立枯病，这种令人讨厌的疾病会让幼苗在发芽后马上腐烂。

将混合土倒入桶中，用温水润湿，然后装满容器，使其略低于容器顶部。

根据种子包装袋背面的说明来播种。最重要的是种植的深度，因为有些种子需要光照才能发芽，而有些必须埋得很深才能发芽。

在每个播种格中播下几粒种子，可以确保至少有一粒种子能够发芽。

我强烈建议每个种植坑内种2~3粒种子，以保证至少1粒能成功发芽。

保温垫（放在幼苗托盘下）和潮湿的穹顶有助于形成适宜的发芽环境。

幼苗伸向阳光。

用一个保湿罩盖住容器。如果没有合适的保湿罩，可以用一个戳了洞的塑料袋代替。幼苗需要较高的湿度和土壤温度（18～24℃）才能发芽，所以要把它们放置在一个全天都温暖的地方。

当你看到幼苗开始从混合土中冒出来时，就可以移开保湿罩了，然后把幼苗移到明亮的光线中，它们的叶子渴望阳光。一旦你看到它们的第二组叶子开始生长，就要把幼苗移到更大的单独的花盆里，并且要及时给它们浇水。

准备移栽幼苗

恭喜，你已经收获第一批幼苗了。然而，工作并没有完成。这些娇嫩的幼苗是在室内精心培育的。如果你马上把它们移到户外去，它们会因为不适应恶劣的环境和气候变化而死掉。所以，你必须通过以下方法来“强化它们”：

- 在将幼苗移栽到室外的前一周减少浇水
- 在将幼苗移栽到室外的前一周，每天将它们移到户外有斑驳阴影的地方几个小时，然后逐渐增加时间
- 在整个过程中应保持混合土均匀、湿润，以防止对幼苗的伤害

幼苗一旦变得硬挺，就可以移植了。仔细想想，现在所处的阶段就是你从苗圃买回幼苗移植的关键阶段，鼓励一下自己吧。

现在我们已经讲完了园艺的基本知识。不必纠结生活空间有多小，让我们共同探索如何种植吧。

块根芹幼苗的适应力已经得到强化，可以移植了。

2

容器园艺

最简单的城市园艺方法只需要一点儿土壤、一个罐子加上一棵幼苗。我的园艺之旅开始于2010年，当时我和弟弟一起种植了大量的罗勒。那时候我们没有太多空间，但仍然可以种植足够的罗勒，供我们吃了一整个夏天的青酱，并且得到的还远不止这些。

不过，容器园艺可能会使人困惑。首先，什么样的容器是最优选择呢？塑料花盆、陶土花盆，还是玻璃花盆？每种类型的容器都有其各自的优点，但是最好的容器应该同时具备以下3种特性：

- 体积——大小适合种植的植物
- 材料——由适合个人需求的材料制成
- 排水——利于排水，减少根系腐烂的风险

容积

选择合适的容器首先要考虑的是容积大小。不同的植物对容器最小尺寸的要求也不同。一般来说，越大越好。在容器中种植的大多数蔬菜，需要至少 15cm 的土壤深度来扎根，但如果能提供更多的土壤，它们会生长得更好。

常见的容器及其容积

此表可作为快速参考，以了解填充标准尺寸的容器（例如，陶罐、窗盒和花盆）所需的土壤量。

花篮，悬挂式
10 英寸 = 5.5 干量夸脱 = 0.21 立方英尺
12 英寸 = 7.9 干量夸脱 = 0.3 立方英尺
14 英寸 = 13.9 干量夸脱 = 0.5 立方英尺

花碗
8 英寸 = 1.9 干量夸脱 = 0.07 立方英尺
10 英寸 = 3.7 干量夸脱 = 0.14 立方英尺
12 英寸 = 5.5 干量夸脱 = 0.21 立方英尺
14 英寸 = 8.4 干量夸脱 = 0.29 立方英尺
16 英寸 = 12 干量夸脱 = 0.46 立方英尺
18 英寸 = 18.8 干量夸脱 = 0.73 立方英尺
21¾ 英寸 = 31.2 干量夸脱 = 1.21 立方英尺

花盆，椭圆形
12 英寸 = 3.8 干量夸脱 = 0.14 立方英尺
16 英寸 = 7.3 干量夸脱 = 0.28 立方英尺
20 英寸 = 9.4 干量夸脱 = 0.36 立方英尺

花盆，正方形
12 英寸 = 11.2 干量夸脱 = 0.48 立方英尺
15 英寸 = 23 干量夸脱 = 0.89 立方英尺

花罐，陶制或塑料制品
4 英寸 = 1 品脱
5 ~ 6 英寸 = 1 夸脱 = 0.03 立方英尺
7 ~ 8 英寸 = 1 加仑 = 0.15 立方英尺
8 ½ 英寸 = 2 加仑 = 0.3 立方英尺
10 英寸 = 3 加仑 = 0.46 立方英尺
12 英寸 = 5 加仑 = 0.77 立方英尺
14 英寸 = 7 加仑 = 1 立方英尺
16 英寸 = 10 加仑 = 1.5 立方英尺
18 英寸 = 15 加仑 = 2.3 立方英尺
24 英寸 = 25 加仑 = 3.8 立方英尺
30 英寸 = 30 加仑 = 4.6 立方英尺

花罐，草莓
5 加仑 = 14 干量夸脱 = 0.54 立方英尺

窗盒
24 英寸 = 11.7 干量夸脱 = 0.45 立方英尺
30 英寸 = 15.6 干量夸脱 = 0.6 立方英尺
36 英寸 = 19.7 干量夸脱 = 0.76 立方英尺

对于较大的植物，如番茄或土豆，可以从5加仑的容器开始。事实上，你甚至可以从当地五金店购买5加仑容量的水桶，然后直接在桶里种植。这些桶对根茎类作物，如洋葱、胡萝卜和大蒜来说很适用。如果你想在同样体积的土壤中种植更多的根茎类作物，可以选择浅一些的5加仑容量的花盆。

对于绿叶蔬菜或其他浅根植物，你可以用一个窗盒式的花盆或任何至少15cm深的容器。如果你想有所创意，可以重新利用周围的一些旧盒子、罐子或容器，建立一个“升级循环”园艺空间。

无处不在的5加仑水桶可以成为一个极好的升级循环容器。

这种经典的窗台花盆非常适合用作厨房香草容器。

如果空间不够，可以考虑使用一些形状比较奇怪、造型独特的容器。常见的容器形状包括椭圆形、圆形、正方形、长方形和其他有趣的形状等。即使你只有一个小小的阳台或窗台，也不要气馁。可以用几个方形的容器排成一行。实际上，它们能比圆形容器多容纳 25% 的土壤。

关于容积要考虑的最后一点是，容器里的土壤越少，浇水的频率就越高。有时候，使用更大的容器就是因为土壤保持湿润的时间会更长，这意味着植物根系不会经历无情的干湿循环，避免给植物生长带来压力。

对于真正面临空间不足挑战的城市园丁而言，再利用的梅森罐是个极好的选择。

在造型独特的陶罐中种植植物可以为你的容器园艺空间增添一份美感。

材质

挑选容器的材质时，既要考虑个人审美又要兼顾功能。容器的材质主要可以分为四大类，但是也不要局限于这些选择。我曾经在麻袋里种过土豆，在购物袋里种过番茄……选择是无限的。

陶器

陶器是容器园艺的经典材料。大多数人一提到容器园艺就会想到这样的画面，在漂亮的赤陶罐里盛放着茁壮成长的植物。虽然陶器是一种很好的容器，但它也存在一些缺点。

- 重——陶器本身就很重，装入土壤后会更重
- 多孔——无釉面的陶器会因为蒸发而失去水分，但也能防止过度浇水
- 易碎——陶器如果掉在地上或被打翻，很容易碎，在冰冻期间也容易破裂

如果你更喜欢质朴的、有机的外观，可以选择木制花箱或容器。

再利用给了这些塑料容器新的生命，否则它们最终会被扔进垃圾填埋场。

木制品

木头是容器园艺极好的材料。它是天然的，重量轻、便宜，而且非常耐用。你甚至可以用废木料来制作便宜的木制容器。在种植床园艺中，这是一种更受欢迎的材料，在相关章节中我将会深入探讨。然而，木制容器有两个潜在的缺点。

- 腐烂——作为一种有机材料，木头会随着时间的推移而分解
- 处理——要不惜一切代价避免使用经化学药品处理过的木材。只有经过热处理的木材才可以使用

塑料制品

塑料容器可能是你能找到的最丰富、最便宜的容器。它们重量轻、强度大，可以被塑造成任何你能想象的形状或大小。但与此同时，塑料会对我们的环境造成难以置信的破坏，许多类型的塑料都不安全。

以下是你会遇到的7种不同类型的塑料，以及使用它们种植植物是否安全的分析介绍。

聚对苯二甲酸乙二酯(PET)

它是最常见的可回收塑料之一，由于它在长时间的光照或高温下会分解，因此几乎专门用于制作一次性物品（例如花生酱罐）。

结论：这不是最坏的，但也不是最好的选择。可以使用它安全地种植一个季节，然后再回收利用。

高密度聚乙烯（HDPE）

从牛奶罐到洗涤剂瓶，HDPE随处可见。它是最好、最安全的食品消费塑料之一。它能抵抗紫外线，并且非常耐寒和耐热（-100～80℃）。正因为如此，它是园艺实践中的绝佳选择。

结论：HDPE是可以在园艺空间中使用的最佳塑料制品类型之一。

安装水培灌溉系统时，使用PVC管道很方便。

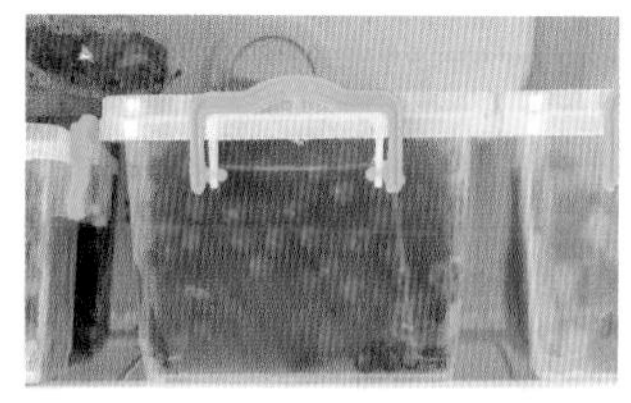

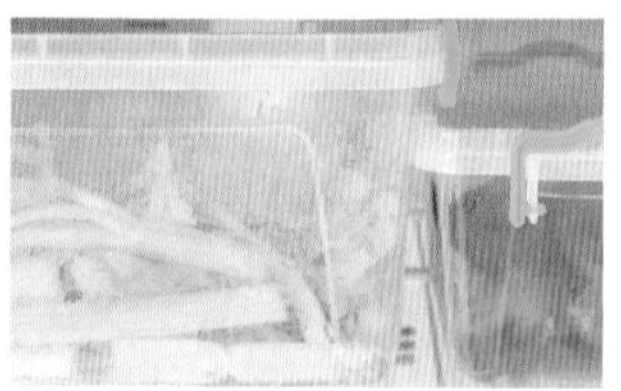

LDPE塑料不仅是园艺改造中很好的选择，还可以用来储存成果。

由PP制成的工业管材是园艺实践中的一种可靠选择。

聚氯乙烯（PVC）

聚氯乙烯是一种非常常见的塑料，经常出现在塑料管、灌溉系统、沙拉酱瓶和液体洗涤剂容器中。

大多数PVC产品都含有邻苯二甲酸盐，可以使PVC更耐用、更灵活，更符合我们认为的所有与塑料有关的质量特性。虽然这可以使PVC成为一种优质的建筑材料，但邻苯二甲酸盐对人类来说并不太好。事实上，我们大多数人的尿液中都含有少量的邻苯二甲酸盐。疾病控制中心（CDC）认为，我们体内的大部分邻苯二甲酸盐都来自饮食。

然而，并不是所有的3型塑料都使用邻苯二甲酸盐作为增塑剂，所以你可以使用一些聚氯乙烯产品，但要先确保里面不含有邻苯二甲酸盐，然后再做决定。

结论：可以使用PVC，只要不过度暴露在光和热之中，或者要确定其没有使用邻苯二甲酸盐增塑剂。

低密度聚乙烯（LDPE）

使用低密度聚乙烯的产品包括塑料包装袋、垃圾桶衬垫和食品储存容器等。

看到趋势了吗？已经用于食品储存的也可以安全地用于种植。和它的表兄HDPE一样，LDPE的安全温度范围较广，甚至可以用于微波炉。这当然是用于园艺的好选择。

结论：LDPE是非常安全的，它不会把任何化学物质带到土壤或食物中去，是城市园艺的绝佳选择。

聚丙烯（PP）

聚丙烯通常用于制作需要注塑成型的产品，如吸管、瓶盖或食品容器。虽然它不像HDPE或LDPE那样具有普遍的耐热性，但一般情况下用于食品和园艺实践中是安全的。

在加拿大研究人员发现PP的浸出物影响了他们的实验室工作后，人们对此有一些小担忧，但在大多数情况下，PP仍被认为是一种安全的塑料。

结论：用于园艺，PP是不错的选择。

PS泡沫杯或托盘可以作为“不错的”育种容器，如果不被利用，它们就会被扔到垃圾填埋场。

聚碳酸酯薄膜不能接触到食物，但可以用来覆盖温室框架。

聚苯乙烯（PS）

聚苯乙烯塑料随处可见，从花生包装袋、泡沫塑料杯、塑料叉子到肉盘、便当盒等。它是各种工业用品中使用最广泛的塑料之一。

正是因为使用如此广泛，PS塑料也成了许多健康和安全科学测试的主题。总体来说，它在食品中的使用是安全的，但这并不意味着它在园艺中同样如此。因为有更好的选择，我从没在园艺空间里用过PS塑料制品。

结论：从安全角度看似乎“不错”，但从结构上来说，如果你需要它来支撑重量或水，PS塑料制品可能不是园艺的最佳选择。

其他塑料

通常，“其他”指的是由聚碳酸酯或聚乳酸制成的塑料。聚碳酸酯用于制作最常见的7型塑料，也是我们制造出的最有害的塑料之一。经多次检测证明，它会渗出双酚a（BPA）。BPA与许多健康问题均有关系。

结论：一些7型塑料含有BPA，这是一种有害的化合物，可导致许多健康问题。请不要使用7型塑料制品。

创造性重新利用的金属种植桶排列在城市窗台上。

毛毡栽培袋是我最喜欢的模块化容器园艺产品之一。

金属制品

金属似乎是容器园艺的理想材料，它轻巧、结实，不像陶器那样多孔。只要有适当的涂层（如铝锌合金涂层的钢），金属就可以成为持久耐用的容器。

毛毡栽培袋

在过去几年里，我已经成为这些产品的超级粉丝。它们的容积可以从 1 加仑一直到 200 加仑，远远超出了大多数园丁的需求。毛毡栽培袋有方便的把手，便于运输。它们不会保有太多水分，因为它们四面都是多孔的，所以永远不会因过度浇水而烂根。

如果你是一名租客或想以最快的方式构建一个容器园艺空间，可以认真考虑一下毛毡栽培袋。

旧鞋和旧球构成了一个兼容并包的容器园艺空间。

用回收的旧袋子做成的分层蔬菜容器园艺空间。

从邻居那拿来的2L容量瓶，可以改造成一个美丽的悬挂蔬菜园。

回收利用容器

不要局限于购买精美的容器来开启你的迷你园艺空间。有很多方法都可以使你的容器园艺升级、重复利用并发挥创意。

有一种最简单也是最流行的临时容器园艺空间，即在从花园中心买来的盆栽混合土袋中直接种植。如果你是一位不喜欢活动的园丁，这会是一个很好的选择，因为你可以直接在桌面上放上一袋混合土，在底部打几个排水孔，在顶部剪下一块塑料，然后就可以种植了。

让思想自由驰骋吧，去看看周围的房子或你的邻居，寻找灵感。

袋子

久经考验的袋子是节俭的园丁最好的朋友。可重复使用的杂货店购物袋、粗麻布袋、旧咖啡袋等都是临时袋装容器园艺的很好选择。如果使用的袋子是无孔材料的，只需确保种植时在底部戳一些排水和通气孔就可以了。但要避免在有以下特点的袋子中进行种植：

- 太薄，在泥土的重压下会破裂
- 由不安全的塑料制成
- 纸做的，因为它们很快就会腐烂

2L 容量瓶

2L 容量瓶常被用作世界各地园艺实验的对象。因为它们数量多，易于使用，如果不被利用就会被扔进垃圾填埋场。在本书后面的内容中你会看到一些 2L 容量瓶的项目，但其实在这些项目中你可以创造出无限的东西。我认为它们就是容器园艺的“乐高积木”。

在容器中种植，排水孔是关键。

排水

种植植物时，排水很重要，在容器园艺中，确保良好的排水格外重要。我们必须确保水能够从容器中排出，否则，植物就会被淹死。请记住，植物和你我一样需要氧气。

大多数容器的底部已经有排水孔了，因此，你只需要用一个碟子，来接住从底部排出的水即可。如果你使用的是非常规的容器，或者是进行了回收改造的家中物品，则最好以对称的方式在底部钻一些排水孔。

如果容器底部没有排水孔，最好在容器里放入一些砾石、鹅卵石或切碎的海绵，以便为多余的水提供一些空间。但是，千万不要过度浇水。在底部封闭的容器中种植植物时，根部腐烂是最主要的问题。

关于排水，最后需要考虑的是，如果不想让水从种植的地方渗出来该怎么办。比如，在阳台上种植，你不想让水滴到下面毫无防备的客人身上。在这种情况下，我们可以使用一个不排水的容器，同时在里面“嵌套”一个更小的容器，以确保植物的根不会被淹没。然后，定期手动排出外面较大容器中的水。

在容器中种植时，要格外小心地准备和照料土壤。

填土

我鼓励大家重新思考关于容器园艺中“土壤”的概念。从本质上说，容器园艺空间比普通园艺空间要小得多。因此，它们很容易出现变干、浸出养分以及其他各种问题。

不过，别担心。大多数问题都可以通过为容器创造完美的混合土来解决。

经典的盆栽混合土配方

这是我最常用的盆栽混合土配方。有些植物需要完全不同的盆栽混合土，我稍后会讲到。根据现有材料，我已经将配方做了一些修改。

当然，你也可以到园艺中心购买高质量的盆栽混合土，但是会多花点儿钱。

如果你想 DIY，可以参考我的配方：

- 2 份椰糠、泥炭苔藓或盆栽混合土（用于保水）
- 2 份堆肥或堆肥肥料（提供有机物）
- 1 份珍珠岩或浮石（用于通风）
- 1/4 ~ 1/2 份蛭石（用于保水和通风）

这几乎是一份理想的盆栽混合土，所有品质达到了近乎完美的平衡。你可能已经注意到，由于容器很容易变干，我在配制盆栽混合土时，比配制种植床混合土时更注重保水性和有机物含量。无论你住在哪，应该都能够找到这些材料。

改善与调整

一种万能的混合土就是对很多植物来说都适用。如果你想添加额外的成分来进一步提高土壤的肥力和质量，以下是我的一些建议：

- 1/2 ~ 1 份蚯蚓肥料（一种富含营养的神奇有机肥料）
- 1/2 份生物炭（提高营养和保水力）
- 1/4 份有机肥料（一种不会烧坏植物的缓释肥料）
- 2 份珍珠岩或浮石（用于需要增强排水的植物）

这个朝南的阳台充分利用了可用的光线。

除了能有效利用空间，聚在一起的盆栽还能保持较高的湿度。

猫似乎天生就是破坏大王，所以在摆放植物和容器时要小心。

最佳方位

就像园艺空间里的大多数物件摆放一样，成功往往取决于位置。除了最耐阴的蔬菜外，还要确保你的容器放置在一个每天至少有 6h 阳光直射的地方。如果你能把它们放在朝南的墙上或阳台上，那就更好了。

同时还要考虑风的影响。植物在不受强风影响的地方生长得最好。强风会破坏叶子，使土壤变干，甚至会把容器弄翻。因为风，我已经失去了太多容器，再也不想犯这样的错误了……你可以用栅栏或织物制成的墙或防风物来保护植物，也可以把一个花盆放在另一个后面，这样大的就可以保护小的。

把花盆聚在一起可以提高花盆周围的湿度，让植物整体更加健康，这样做能够利用位置优势为植物创造更有利的小气候。

最后，考虑一下宠物和孩子。有一次，我收到了一份礼物，那是一棵稀有的果树，我把它种在花盆里，自豪地放在阳台上。我愉快地收获了我的第一个浆果，这种浆果有一种独特的特性，能在一段时间内把酸的食物变成甜的。猜猜发生了什么？一只猫毁坏了那棵珍贵的果树，因为我没有把它放在猫够不着的地方。

这给我的园艺实践造成了令人心碎的损失，而且如果这种植物有毒的话，对猫来说也是危险的。因此，在布置容器园艺空间时，一定要考虑到其他动物。

适合生长在容器中的植物

选择适合容器生长的蔬菜品种将会有很大的不同。

几乎任何植物都可以在容器中生长。这里需要考虑的两个关键因素是植物的根系和成熟后的植株大小。

植物根系有浅有深，所以了解植物类型可以帮助我们选择最合适的花盆。例如，大多数品种的胡萝卜都超过20cm长，那么在15cm深的花盆里种植胡萝卜就不是个好主意。同样，在30cm深的容器中种植绿叶蔬菜则有点儿浪费，因为大多数绿叶蔬菜的根系深度不会超过15cm。

成熟植株的大小也将决定它能否在容器中存活。如果没有大的花盆和一些强力支撑，一株大番茄可能会生长得有些挣扎，而较小的品种（如“露台番茄”）不仅可以生存，而且能在容器园艺的环境中茁壮生长。

这不仅关系到你应该选择哪一种植物，更重要的是有一些特定的品种会比其他品种更适合种植在容器里，因为它们被培育得更小、更紧凑，或者更适合在容器中扎根。

这里有一些我喜欢的盆栽植物，以及适合在容器中生长的品种。

植物	建议容器	品种
豆子	5加仑的花盆	“龙舌”“蓝湖”
甜菜	5加仑的宽盆	“牛血”“早期奇迹”
胡萝卜	5加仑的花盆，至少30cm深	“丹佛斯半长型”
黄瓜	1~2加仑的花盆	“露台皮克”
茄子	5加仑的花盆	“良品”“黑美人”
大蒜	5加仑的宽盆	“音乐”“法式胡蒜”
生菜	5加仑的花盆	“梅洛”“比布”
洋葱	5加仑的宽盆	“西班牙白甜”
辣椒	每个2加仑的花盆里种1株	“日本小青椒”“墨西哥紫辣椒”
土豆	5加仑的桶	“育空黄金土豆”“手指土豆”
萝卜	5加仑的花盆	“冰柱萝卜”“樱桃萝卜”
番茄	5加仑的桶	“早女番茄”“露台番茄”

覆盖一层薄薄的木屑可以保护土壤免受各种侵害。

保持水量充足

关于容器园艺最常见的问题都与浇水有关。以下是一些典型的问题：

- 如何避免浇水过多或不足
- 在容器底部添加砾石是否明智
- 如何保持容器中的土壤均匀湿润

关于浇水的问题很常见，这并不奇怪。尽管它们生活的地方很狭小，种植在容器里的植物有时也能成为主角，但它们也需要完美的生长条件。这些年来，我收集了一些浇水的技巧。如果你正在为保持充足的水量而努力，可以试试这些方法。

加入容器垫料

你可能经常会听说有人通过在容器底部垫一些砾石或岩石来改善排水。虽然这是一个好主意，但我发现，用割碎的海绵垫在容器底部效果更好。海绵在吸收水分的同时，还能让多余的水从容器底部的孔中排出。

适当覆盖

不是只有种植床或地面上的普通园艺空间中才会使用覆盖物吗？并非如此。覆盖可以大大减少盆栽植物的需水量，同时保持土壤湿润度的稳定。

用于容器园艺的绝佳覆盖物包括：

- 碎叶
- 松针
- 树皮
- 砾石
- 石头
- 碎报纸

覆盖层不仅可以防止水分蒸发，当使用软管或园艺壶浇水时，覆盖层还可以削弱水流，尽量减少喷溅到叶子上的土壤，而这些土壤可能是造成疾病的主要原因。

双层花盆

正如它的名字所示，双层花盆是指在种植容器的外面套上一个更大的花盆。听起来很奇怪，对吧？使用双层花盆可能有以下一些原因，例如：

- 你有一个漂亮的装饰花盆，但它没有排水孔
- 你间种了两种对土壤有不同要求的植物
- 你想要保持土壤湿度的稳定

在使用双层花盆时，请确保植物不会浸没在外面较大容器底部的水中。你可以在较大的容器底部加一些沙砾，把里面的花盆垫高一点儿。如果盆内有积水，需要及时将水排干。

双层花盆是一个非常简单的概念，你只需要把一个花盆放在一个更大的花盆里，创造出一个储水空间。

使用肥皂

有一些混合土在非常干燥的时候很难进行补水，尤其是泥炭混合土。如果你试着给盆栽浇水，水会从土壤表面滚下来，就像从混凝土上滚下来一样。一旦发生这种情况，那就试试加点儿肥皂吧。

在洒水罐里滴一两滴纯天然的肥皂水，然后再去浇水。肥皂是一种表面活性剂，它可以降低水的表面张力，使其更容易渗透到顽固、干燥的土壤中去。

滴灌消除了园艺实践中最常见的问题之一：人为错误。

自动浇水

如果你像我一样，可能会时常忘记浇水。你可以使用种植床，其保水性会更好些。但在容器园艺中，忘记浇水可能会给脆弱的植物带来灭顶之灾。更重要的是，在炎热的月份里，维持一个完美的浇水计划就像做一份全职工作一样难。

该如何解决呢？请接受自己的懒惰，安装一套滴灌设备吧。当我刚开始接触容器园艺时，使用滴灌的想法让我产生了不少顾虑。滴灌系统有太多部件了，如连接器、软管、滴滤器……我的大脑已经应付不过来了。

幸运的是，在今天，滴灌变得简单多了。你可以购买一些简单的装备钩在软管上，包括所有的发射器、管道、尖头和压力调节器等。在我为容器园艺安装了滴灌系统后，浇水从每天1~2次，每次需要20~30min的任务，变成了每天只需要1min就能完成的任务。现在，我所要做的就是走到外面，打开喷嘴，大约半小时后再把它关掉。

如果想加点儿新装备，可以添加一个无线定时器。这样你就可以设定它在每天的特定时间自动打开，而不需要自己出门去打开喷头了，或者你不在家时系统也可以自动浇水。

施肥

由于盆栽比种植床更容易造成营养枯竭，因此给盆栽施肥显得尤为重要。容器里的土壤不多，植物很快就会消耗掉可利用的营养。此外，从容器底部流出的水会带走一些浸出的养分，这也是问题所在。

我的建议是，尽可能使用颗粒状的有机缓释肥料。这将有助于防止过度施肥对植物造成的损害。因为从本质上讲，有机肥料必须先分解，然后才能被植物的根系吸收。

根外追肥是施用有机肥料的首选方法，即把肥料撒在土壤表面并充分浇水。用这种方法施肥通常足以满足植物生长2～3个月的营养所需。

如果你种植的是番茄和辣椒等大型蔬菜，则可以考虑用水和水溶性肥料的混合液来浇灌追肥，稀释浓度约为1/4。水溶性肥料被吸收利用的速度更快，可以帮助这些需肥力高的植物在小容器中生长。

颗粒状的有机肥料分解缓慢，能够为植物提供数周或数月的养分。

维护

除了所有常规园艺任务之外，还有一些具体任务，以确保容器中的植物能健康生长。

赤陶罐特别容易积盐，形成粗糙的外表。

多花点儿时间在植物根部浇水，能避免一些令人头疼的事情发生。

清洁花盆，以预防病害

除了保持美观，清洁花盆外部也有助于预防植物病害。每隔一段时间，可以用湿毛巾或海绵擦去堆积在花盆外的污垢。

给土壤浇水，而不是给植物浇水

早上漫无目的地给盆栽浇水，是一种常见的错误。很多人早上醒来揉着睡眼，很自然地就会拿起水壶去浇水。

请试着克制住这种冲动。确保在植物的主茎接触土壤的地方轻轻地浇水。注意不要将土壤溅到叶子上，因为这是土壤传播疾病和害虫的主要途径之一。

修剪枝叶下缘

这条建议并不适用于所有植物，但总体来说，最好在土壤表面上方的区域修剪一下枝叶。在枝叶茂密的植物中，有些下层叶子通常得不到任何光照，对植物的整体生长也没有多大贡献。修剪它们是一种减少病害、增加空气流通、去除一些植物“载重物”的好方法。

清除下层枝叶有助于增加空气流通，防止土壤传播的病害感染植物。

经常检查

我本不想在这方面多啰嗦，但土壤湿度的确非常重要，所以我再次提出这条建议。容器是我们为植物创造的人工环境，密切关注土壤湿度至关重要。我建议，在开始种植盆栽时每天都应检查一下。这样，你很快就会对盆栽产生一种“第六感”，而不需要那么勤奋了……但这需要时间，所以要有耐心。

每天检查土壤湿度，直到你足够了解盆栽植物的需水量。

盆栽所需要的大部分材料在房子周围基本上都能找到。

自吸水的 2L 种植瓶

自吸水容器是一种通过芯吸作用从底部给植物补水的容器。你可以通过一种吸水材料把容器底部的水吸到土壤里，然后这些水分会被植物根部吸收利用。这种系统具有难以置信的节水效果，通常需要浇水的次数为普通盆栽的 1/3 ~ 1/2。最重要的是，它们可以节约时间，并且确保土壤 24h 保持湿润。

一定要在瓶子弯曲部分的下面进行切割，否则，顶部就会掉到瓶子里。

材料

- 2L 的瓶子
- 剪刀
- 毛毡条或旧棉质 T 恤
- 盆栽混合土
- 种子或幼苗
- 包装材料（可选）

步骤

步骤一：从 2L 的瓶子上取下标签，尽量把黏的部分去除。用剪刀在瓶子弯曲的弧形顶部戳出一些排水孔，这样能确保种植幼苗后土壤不会太湿。

步骤二：用剪刀在瓶身停止弯曲的位置向下 2.5cm 左右处刺穿瓶子，然后沿水平方向剪开，直到瓶子分成两部分（上层的瓶子用作土壤盆，下层瓶子用作水盆）。

步骤三：向下层瓶中注水，不要超过即将放入的上层土壤盆的底部。把剪下的瓶子顶部翻转放置到底部瓶中。用毛毡条或旧 T 恤条穿过瓶口，确保它下端能到达下层瓶子的底部，而上端能延伸到土壤中 5 ~ 7.5cm。

步骤四：填入土壤，种上植物。如果土壤会溢出来，可以在其底部加上几块石头。

可选：如果你想要增加点儿不同的样式，可以用包装纸把瓶子隐藏起来。这不仅看起来很漂亮，而且还能阻挡光线到达水中，防止藻类聚集。好了，现在你已经有了一个低维护的草本绿色园艺空间，并且能随意复制很多次，你可以把它放在任何你想放的地方尽情享受。

确保吸水布伸到盛土的盆里，否则，植物的根就得不到水分。

自吸水瓶的养护

顾名思义，你不需要做太多的事情来养护这个容器，只要注意水位即可。当水位低的时候，把上层容器提起来再加满水就行了。根据你种植的植物，在大约一个月后，需要添加一些颗粒状的有机肥料，以确保土壤仍然有维持植物茁壮生长所需的营养。

一个已完工的2L瓶已经种植了柠檬草，可以自动控制生长了。

与大多数此类项目一样，你需要做的可能只是在家里四处转转和去五金店逛逛，就可以集齐所需的材料。

自浇水 5 加仑种植桶

种植容器有各种形状和大小，但最常见的是经典的 5 加仑水桶。这种桶在世界各地的大型商店都可以找到，而且可以很容易对其进行修改，以适应各种不同的园艺设计。

这个项目能把 5 加仑水桶变成一个自浇水园艺空间，可以在其中完美地种植香草、绿色蔬菜、豆类、番茄或辣椒。买水桶的时候要记住，深色会吸收热量，浅色会反射热量。放置的位置将决定你应该选择什么颜色的桶。

材料

- 带盖的 5 加仑水桶
- 钻
- ϕ25mm 桨式钻头
- 美工刀
- 直径 12.5cm 的木质或塑料垫片
- 旧的棉质 T 恤
- DN25 PVC 管
- ϕ6mm 钻头
- 盆栽土
- 植物
- 一块泡沫（可选）

步骤

步骤一：将盖子固定在桶的顶部，用 ϕ25mm 的桨式钻头钻两个直径为 2.5cm 的孔。一个孔在盖子的中间，另一个偏一些，距离盖子边缘 2.5cm。

步骤二：用美工刀小心地沿盖子的内缘切开，注意不要切到你钻的偏移孔。

步骤三：将垫片放在桶底，并把一件旧的棉质 T 恤挂在桶边。

步骤四：将 PVC 管穿过偏移孔，然后将盖子放入桶底，紧紧压在垫片上。把 T 恤包裹在盖子的顶部，然后将多余的布料塞进盖子中间的孔里。

步骤五：用 ϕ6mm 的钻头在水桶侧面、桶盖下方大约 1.25cm 处，钻两个排水孔。这些排水孔可以防止桶内注水过多。

步骤六：在桶中填满土，移植好植物，然后通过 PVC 管注水，直到水开始从桶底部的排水孔中排出为止。将桶盖的外缘重新卡回到桶的顶部。

可选：如果你想要一个简单的水位指示器，可以剪一小块薄泡沫，然后把它放到 PVC 管里，作为水位指示器。当植物用完了储水区中的水时，薄泡沫就会慢慢下降。

步骤一

中间的孔用于芯吸作用，偏移的孔用于测水线。

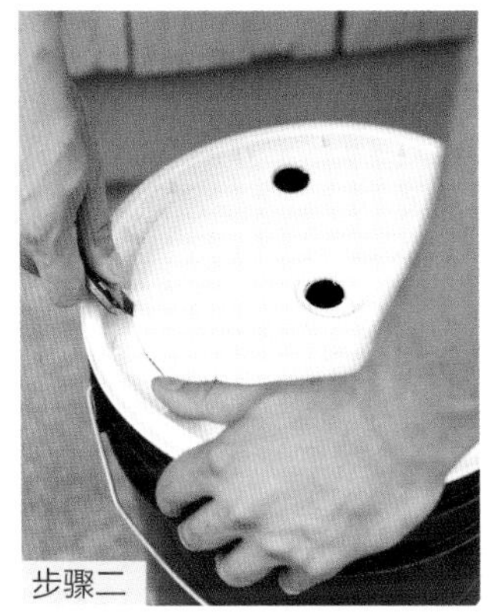
步骤二

在盖子的内侧切一个圆，留下盖子供以后使用。

步骤三

垫片能确保盖子不会沉入储水区。

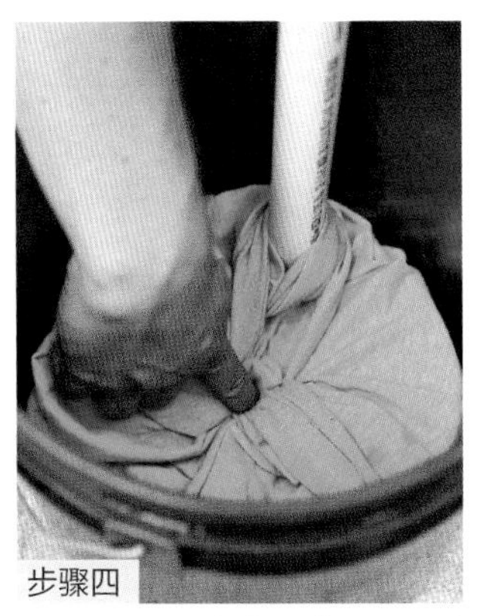
步骤四

一定要用T恤包裹住盖子，否则它不能很好地发挥吸水作用。

步骤五

这些排水孔可以确保桶不会浸泡在水中，也不会腐蚀植物的根系。

步骤六

用一根直径2.5cm的PVC管和一些泡沫作为水位指示器和花架。

自浇水种植桶的养护

只要往桶里注水，植物就会在这个系统里茁壮生长。如果你种植的是攀缘植物或重果植物，比如番茄，要不时地施用有机颗粒肥料，并提供支撑物。

如果你想保护土壤表面，可以添加覆盖物或者在覆盖物中间剪一个洞，让植物的茎穿过去。然后把它覆盖在桶上，再扣上盖子的外圈，使其保持美观和牢固。

我在这个项目中使用了牛奶箱，但实际上任何可循环利用的容器都可以使用。

可循环利用的容器

想拥有一个美丽而富有生机的容器园艺空间，有时并不需要在当地苗圃或大型商店花上一大笔钱，而是完全可以利用家里现有的东西来布置这个华丽而实用的园艺空间。

我还建议大家去当地的杂货店或回收中心寻找旧集装箱，你会惊讶地发现很多废弃物都能用得到。只需询问一下，就有可能免费得到牛奶箱、托盘和其他塑料容器。

在多孔容器的四周铺垫景观织物，可以防止土壤、水和养分的渗漏。

材料

- 牛奶箱、食品杂货箱或其他可回收利用的容器
- 电钻和 ϕ 6mm 钻头（可选）
- 景观织物衬垫（可选）
- 盆栽土
- 植物

步骤

步骤一：清点你收集来的容器。如果要在塑料容器中种植，请务必查看容器底部，以确定塑料的类型。请参阅本章前面的材料部分，查看该型号是否可以安全地用于种植。

步骤二：在没有排水孔的简易容器上用电钻钻好排水孔。对于一些多孔的容器（比如牛奶箱），可以考虑在里面垫上景观织物衬垫。

步骤三：准备好容器后，其余的种植过程与其他容器园艺活动相同。但你可以根据自己的喜好来装饰容器的外观。将容器堆叠、分层和聚集摆放，不仅能呈现出奇妙的美学效果，而且还可以节省空间。

步骤四：在种植植物或摆放这些容器时，要想一想植物未来的生长趋势。例如，在种植番茄时，考虑到其植株大小，以及需要垂直生长的特性，所以把它放在容器园艺的前面和中间可能不是最好的选择。相反，你应该把它放在容器园艺的后面，在前面和中间放置一些更矮、更结实的植物，比如叶莴苣和一些香草植物。

回收利用的容器其美妙之处在于，能够利用原本会被浪费掉的种植空间。

3

种植床园艺

种植床是现在最流行的城市园艺方法之一。特别是在城市环境中，与地面种植相比，种植床的优点很多。另外，无论你决定建造哪种类型的种植床，它们看起来都很漂亮。

即便如此，当许多园丁在思考着手建造他们自己的种植床时，常常会因以下问题而感到困惑：

- 我该使用什么样的材料
- 如何做到一周又一周地连续收获作物
- 如何养护种植床

所有这些问题的答案，还有具体步骤，都在本章中等着你来探索。

再利用的托盘围板里种植了大量的食用大黄。

种植床的诸多优点

对于城市园艺者来说，种植床的首要优势，也是最重要的优势在于良好的空间适应性和个性化设计。如果你想在没有任何土壤的地面种植植物，那么种植床可能就是你唯一的选择。更重要的是，你可以将它们建造成任意大小和形状，然后填入土壤，即可开始种植。因此，对于空间意识较强的园丁来说，种植床的使用非常灵活。

更好的土壤

随着空间效率的提升，土壤也能得到改善。除非你拥有天然肥沃的土壤，否则种植床混合土将是植物更完整的营养来源。它还具有合适的质地、充分的排水等优点，并且更易于操作。

更好地排水

即使土壤已经够肥沃，许多新手园丁也很难解决好土壤压实和排水问题。种植床可以通过两种方式解决这类问题：首先，它们是从地面上抬高的，这为排水提供了一定的空间；其次，在自制混合土壤时，可以调整各类混合物的比例，以改变土壤的含水量。

提高产量

通常，种植床也能提高产量。首先，我们可以在刚进入种植季时就开始种植植物，因为升高的土壤会提前变暖。其次，我们可以更有效地利用空间，让植物生长得更密集。

减少杂草

大多数种植床都可以阻止烦人的杂草生长起来，特别是如果在种植床的底部铺上杂草布或景观布，效果会更好。

便于操作

最后，使用种植床的一个经常被忽略的好处就是便于操作。你可以将其升高到任意喜欢的高度，如果弯腰有困难的话，你甚至可以选择站立式的种植床。所有这些优点让种植床成为最灵活的园艺方法之一。所以，让我们一起学习如何建造种植床吧。

“一米花园”是能充分利用种植床所有优点的典型案例。

用木板作为小路的土垄是种植床的一种简单做法。

建造种植床所需的材料

与容器园艺一样，在建造种植床时，材料的使用有很大的灵活性。最简单的方法是完全不使用任何其他材料，你可以直接把土堆成0.6～1.2m宽的一排。当然，这种种植床并不完全具备之前我们所提到的那些优势，但是如果预算或材料不足，那么选择这种“无边”种植床也是可行的。

如果想让种植床变得更牢固持久，建议大家考虑使用木材、混凝土块、砖、金属材料或预制材料。

木材

木材是建造种植床最经典的材料。你可以使用普通木板、铁轨枕木或者任何随手可得的材料。如果能买到雪松木则更好，使用雪松木建造的种植床会更耐用，因为它的腐烂速度比其他木材慢得多。

如果使用从五金店购买的木板，请试着用L形的托架把板子连接在一起。这样比钉在一起更结实、更稳固。更好的做法是将木桩打入地面，并把木板固定在木桩上。只要确保你建造的东西够坚固，各种不同的方法都可以尝试。

什么样的木材适用于园艺?

关于究竟应该使用哪种木材存在很多争论。最好的两种木材是未经处理的雪松木和红杉木，但这两种木材都很难找，而且价格昂贵。退而求其次的选择是铁杉木、冷杉木或松木，虽然它们的耐久性稍差一些，但容易获得，而且便宜，这意味着在未来数年内更换的成本会更低。

压制木材究竟好不好?

经过加压处理过的木材，我其实并不推荐。由于在压力处理过程中会使用一些化学物质，这一问题多年来一直备受争议。虽然这种木材的使用寿命比未经处理的木材长得多，但也存在造成化学物质污染的危险。

无论如何，我们一定要避免选择经由铬酸铜（CCA）处理过的木材（近20年前已经销声匿迹了），因为这是最具争议的木材处理方法。根据美国环境保护署（EPA）的说法，一种较新的处理方法，如碱性铜季铵盐（ACQ）的风险较低，但仍比使用未经处理的木材风险大。

在可选择的情况下，我个人会使用未经处理的道格拉斯冷杉木来建造我的种植床，它能够兼顾美观、价格和安全性。

木制种植床可以是很简单的，也可以根据个人喜好或预算制成你想要的样式。

混凝土块

混凝土块是一种奇妙的、稳定的、廉价的种植床建筑材料。除非要建造超过3块砖的高度，否则你甚至不需要添加砂浆。请注意，在垒砌时每块砖应与下方砖块的一半重叠。

博蒂花园产品公司生产的波纹、铝锌涂层种植床是我目前最喜欢的种植床。

砖

在你着手实践时就会发现，砖是一种了不起的建筑材料。如果你在意种植床的美感，砖块还能在土壤与种植床之间形成很好的对比。它们唯一的缺点是很脆，随着时间的流逝容易破裂或碎裂。如果要建造大型种植床，需要确保它们有足够的支撑力。

金属材料或预制材料

大多数金属种植床会作为工具套装整体出售。如果你没有足够的材料或者不想自己动手，买一套装备也不错。它们通常轻巧华丽，能为园艺空间增添一些亮点。关于金属种植床，唯一要考虑的是它们是否已经涂覆了合适的涂层以避免有害物质析出，以及它们是否涂上了浅色以避免热滞留。

除了生命力最旺盛的杂草之外，在种植床底部铺上景观织物，可以防止几乎所有杂草的生长。

建造种植床

关于种植床尺寸的一个经验法则是，在任何一边都不要超过1.2m。这是因为人的手臂只有0.6m左右的可触及范围，因此一个1.2m × 1.2m的种植床可以随时从任意一边轻松操作。

如果要设置多个种植床，要确保在每个种植床之间留出足够的空间。可能你最不想遇到的事情就是空间太挤，以至于无法在各种植床之间工作。我建议各种植床之间的距离为50 ~ 60cm。这样你就可以轻松自如地进行修剪、采摘或浇水了。

铺衬种植床

你可以在种植床底部进行铺衬，铺什么以及怎么铺取决于你预期未来最有可能会遇到哪些问题。

如果土地里容易长出粗糙的杂草，那么铺上一层厚厚的景观织物会让杂草无法生长，同时还能让足够的空气和水通过，而不会影响种植床的排水。

如果你不想使用任何塑料制品，那么使用旧报纸和旧的硬纸板铺衬效果也会很不错。但是，时间久了，纸板就会腐烂，杂草便开始钻入种植床里。

如果你要对付的穴居害虫比杂草多，则可以考虑使用五金布。它的名字很具有欺骗性，因为它实际上是一种耐用的金属丝网，而不是一种织物。正如你所想象的，大型害虫不可能钻过这个丝网，但是杂草可以很容易地穿过这些大洞。

终极解决方案是将两者都铺在种植床底部，但是通常情况下我们没有必要这样做。在你不想种植床出现任何问题的情况下，这会是最安全的选择。

这种0.6cm×0.6cm的金属丝网可以阻止几乎所有穴居害虫钻过去，虽然硬“布”这一名称对它而言并不太合适。

放置种植床

就像房地产一样，种植床摆放的关键也在于位置！如果你想要获得大丰收，就应该把种植床朝南放置。假如你在北半球，这是一天中阳光照射最多的朝向。如果无法朝南放置，那么朝西南或东南的位置则是较好的选择。

我们还要考虑该地区的风有多大，以及每天是否有树木、灌木丛或建筑物等会遮挡住一段时间的阳光。我强烈建议你在一天中观察一些可能的位置，并观察阴影在整个空间中是如何投射的。

想要了解一年中阳光是如何照射在你的房子上的，请查看该网站 http://www.suncalc.net.

为种植床填土

现在，你的种植床已经建好了，并且已放置在一个非常适合植物生长的位置，是时候为它填满赋予生命的土壤了。你需要考虑两件事：需要多少土壤？如何创造出一种完美的混合土？

计算土壤需求量

种植床的绝对最小土壤深度是 10cm，但是我强烈建议，土壤深度至少应该达到 15～30cm。尤其是种植一些蔬菜（例如，胡萝卜、韭菜或其他深根植物）时，土层越厚越好。

可以用一个简单的数学公式来计算所需土壤量：

土壤体积 = 长 × 宽 × 高

例如，如果你的种植床尺寸为 1.2m × 1.2m × 0.3m，那么你就需要约 $0.4m^3$ 的土来填满它。根据种植床的大小就能轻松计算出土壤需求量，然后就可以进入下一环节了，即制作混合土。

创造完美的混合土

通过本书 p.34 的“土壤——园艺工作的基石”这部分内容介绍，我们了解到好的土壤需要达到有机质、保水性和通气性的平衡。

对于有机质，堆肥是最好的选择。你可以从园艺中心购买优质的袋装有机堆肥料，或者看看所在城市是否有堆肥计划，能否免费提供一些。只要没有令人讨厌的东西，免费总是好事。为了使堆肥的营养更完整，请尽可能从不同的地方获取堆肥。

为了保持水分，可以使用泥炭苔藓或椰糠。目前，我更喜欢椰糠，它是由切碎的椰壳做成的。椰糠比泥炭苔藓更具有可持续性，可以像干燥的海绵一样吸收水分，而泥炭苔藓在极度干燥的情况下更难补水。你还可以购买椰糠脱水砖，它们的运输成本很低。

为了保持通气性，我们需要使用一些东西来“蓬松”土壤。比较好的选择依次为珍珠岩、蛭石和浮石。

把以上这些成分混合在一起，再加一点儿备受喜爱的土壤改良剂（我喜欢蚯蚓肥料），接下来就可以着手准备下一环节了。

成百上千的绿叶植物幼苗已经在种植床中做好了生长准备。

种植植物

最后，需要种上植物了。这里要解答的第一个问题就是，我们究竟应该从种子开始种植植物，还是应该从购买移植苗开始？这两种方法都可行，但第一种方法比第二种方法需要的知识更多。

种子 vs. 移植苗

世界上没有什么比吃到自己从播种开始最终收获的蔬菜感觉更好了。从种子开始种植成本更低，同样的花费，你可以购买一包数百粒的种子，却只能购买 3 ~ 6 株移植苗。然而，天下没有免费的午餐。从种子开始种植，会耗费更多时间，而从移植苗开始种植，会耗费更多金钱。

如果你是一名新手园丁，我建议跳过播种，选择从移植苗开始。你可能会多花一点儿钱，但这些钱会换来数周甚至数月的植物生长过程。同时，你也跳过了从种子开始种植时会遇到的许多问题。但是，如果你真的准备从种子开始种植植物，请查看 p.50 中“由来已久的争论：播种还是移植”部分内容来获得完整的指导说明。

如何给幼苗留出合适的间距

只要给予足够的空间，几乎任何能在土地里生长的植物都可以在种植床上生长。你可以参照一些不同的幼苗间隔的方法，但是所有方法都遵循一些基本原则。理解了这些，你才能真正了解该如何摆放植物。

在城市环境中，高密度种植是最佳选择。与行式种植不同，高密度种植试图把尽可能多的植物塞进同一个种植床内。传统的行式种植通常是为工业规模的农业或市场园艺而设计的，在那里你必须在植株之间留出足够大的空间，以保证各种燃油工具或手动工具可以正常操作。

在种植床中，大部分工作都是靠人工完成的，所以高密度种植是一种可行的方法。紧密分布的植物能增加绿荫，进而产生许多好处，例如：

- 水分损失最小化
- 保护土壤免受阳光照射
- 杂草得不到足够的光照而无法生长

右面是一些最常见的种植床蔬菜间距表。

购买移植苗可以规避从播种开始种植的常见错误，这些错误很可能让你的种植床陷入困境。

蔬菜	间距（in）	蔬菜	间距（in）
芦笋	15 ~ 18	球生菜	10 ~ 12
矮菜豆	4 ~ 6	生菜	4 ~ 6
利马豆	4 ~ 6	甜瓜	18 ~ 24
攀缘茎类的豆子	6 ~ 12	芥菜	6 ~ 9
甜菜	2 ~ 4	秋葵	12 ~ 18
西蓝花	12 ~ 18	洋葱	2 ~ 4
抱子甘蓝	15 ~ 18	豌豆	2 ~ 4
卷心菜	15 ~ 18	胡椒	12 ~ 15
大白菜	10 ~ 12	土豆	10 ~ 12
胡萝卜	2 ~ 3	南瓜	24 ~ 36
花椰菜	15 ~ 18	樱桃萝卜	2 ~ 3
瑞士菾菜	6 ~ 9	芜菁甘蓝	4 ~ 6
羽衣甘蓝	12 ~ 15	豇豆	3 ~ 4
黄瓜	12 ~ 18	菠菜	4 ~ 6
茄子	18 ~ 24	西葫芦	18 ~ 24
莴苣菜	15 ~ 18	笋瓜	24 ~ 36
甘蓝	15 ~ 18	甜玉米	15 ~ 18
大头菜	6 ~ 9	番茄	18 ~ 24
韭菜	3 ~ 6	芜菁	4 ~ 6

保护珍贵的植物

种植床园艺的妙处在于，可以很便捷地安装一些额外设备，用于保护植物免受天气影响，并延长生长季节。让我们来看看这些方法。

用塑料瓶保护脆弱的幼苗免受鸟类和自然因素的伤害。

可以通过简单的阳畦设计来延长植物生长季节。

塑料瓶

塑料瓶可以作为一种“迷你温室”用于栽种那些脆弱的移植株、幼苗或扦插枝。将一个塑料瓶从中间切开，然后套在幼苗上方，并将边缘压进土里即可。为了保证空气流通，你可以在瓶子上钻几个孔，然后把上半部分的瓶盖拿掉。这也是一种保护幼苗不被好奇的鸟儿或者害虫侵害的好方法，这些鸟儿和害虫往往很喜欢嚼食幼苗。

阳畦

阳畦是一种不可思议的能保护作物免受寒流侵袭的方法。它们让阳光照射进来，植物可以继续生长，同时也让室内空气变得温暖。大多数阳畦设计造价低廉，使用旧窗户、门和其他可循环利用的部件就可以完成。

阳畦通常不需人工加热，因为它们依赖太阳能和温室效应来保持室内的舒适和温暖。但是，如果你希望增温效果更显著，则需要做好隔热。因此，请确保阳畦密封良好。

大棚

大棚，也被称为拱形温室，是保护作物免受恶劣天气影响，并能延长植物生长季节的最简单的方法之一。最基本的大棚由箍、棒子和一层聚乙烯塑料膜制成。有了这种简易装置，你就可以提早开始种植季节，并在霜冻后继续进行种植了。

温室

温室也是一种延长植物生长季节的好方法，它可以让我们提早播种或在秋冬季也能种植植物。

温室不必像右下图中显示的那样高级，我们可以购买或制作一个有足够空间的简单的小温室，让种子在春天提前发芽。

大棚可以买到，也很容易与一些从商店购买的材料结合在一起。

一个高质量的温室可以大大延长种植季节。

连续种植的胡萝卜表现出3个不同的生长阶段。

方法一：种植同一作物的不同品种

获得连续收获的最简单的方法就是，种植同一种作物的不同品种，使其在不同的日期成熟。例如，你可以在同一时间种植3种番茄，由于它们成熟的时间不同，你便可以在连续几个月里都有收获：

- “早女”：54天
- “冠军”：65天
- “黄金男孩”：80天

通过种植这3个品种的番茄，你将能在一个月内稳定收获番茄，再加上同一株作物至少可以连续收获2~4周。这样一来，你就可以连续两个月收获番茄了。

如何实现连续收获

我最常被问到的一个问题就是：“凯文，我怎样才能每周都有收获呢？”这是个好问题，但当你刚开始从事园艺时，这个问题会让你极其困惑。

首先，我要介绍一下连续种植的概念，也就是定时种植，这样我们就可以在一个季节里多次收获同一种作物。每当你收获一种作物之后，紧接着就在收获的地方继续种植，并重复这个过程。

方法二：按计划播种新作物

另一种方法是在收获旧作物的同时不断种植新作物。这种方法对于那些容易播种并易于移植的作物很有效。这也是大多数园丁感到有些困惑的地方，因为你必须从季末而不是从季初开始种。我们不太习惯这样思考。

为了说明这一原理，我们可以假设有3个月（90天）的生长季节，你正在种植萝卜，它们大约需要30天才能成熟。如果你在收获了老萝卜之后又种植了一茬新萝卜，那么你只能收获三茬萝卜……这可能并不是你想要的。如果你想每周都能吃到萝卜，怎样才能做到呢？

答案就是每7天播种一次新萝卜，这样你就能每周收获一次萝卜了。

下面是具体操作：

- 第1周：种植一批萝卜
- 第2周：种植一批萝卜，有1批萝卜已经生长1周了
- 第3周：种植一批萝卜，有已经生长1周和2周的萝卜各一批
- 第4周：种植一批萝卜，有已经生长1周、2周和3周的萝卜各一批
- 第5周：收获一批萝卜，种植一批萝卜，有已经生长1周、2周和3周的萝卜各一批

虽然这样做不会改变你最终收获的萝卜总量（假设在相同的空间种植），但它使收获在时间上变得更平均了，你将会获得更稳定的新鲜农产品。

只要生长季节允许，你可以一直实施这个计划。你可以在每一季收获12次萝卜，而不再是每一季只收获3次。

我建议这种方法只用来种植那些你非常喜欢并经常食用的作物，因为跟踪多种作物的多次种植会有些复杂。我个人连续种植的是胡萝卜、绿叶蔬菜和豆类。

连续种植快速参考表

作物	种植间隔时间（天）
萝卜	7
菠菜	7
球生菜	10
亚洲绿叶菜	10
豌豆	10
甜玉米	10
矮菜豆	10
甜菜	14
菊苣	14
芝麻菜	14
芜菁	14
胡萝卜	21
黄瓜	21
甜瓜	21
西葫芦	30
瑞士莙荙菜	30

使用木屑覆盖物是在冬季保护土壤的绝好方法。

种植床的养护

在本书中提到的所有城市园艺方法中，种植床是可维持时间最久的。虽然不一定会这样做，但你可能希望能年复一年地持续使用种植床。以下是我的一些建议，可以让你的种植床每年都保持高效。

在秋天做好清理工作

一旦秋天来临，就要停用种植床了。这时我们应该做一些清理工作，除非种植床放置在有遮蔽的地方，或者在温暖的气候里。许多园丁认为最好把所有碎屑都铲掉，但事实并非如此。

从深秋到寒冬，有益的昆虫、微生物和真菌都生活在种植床的碎屑中。这些碎屑为它们提供了掩护、温暖和食物。更好的方面是，一旦春天来临，种植床里的生态系统将比以往任何时候都恢复得更快。

当然，如果有生病的植物或大量的垃圾，你肯定要去掉一些。但一般来说，尽量不要把种植床上的东西都扫走。

在冬季来临之前修复土壤

如果你一季又一季地持续从种植床上收获作物，而没有为土壤补充营养，那么种植床就会受损。请在冬季来临之前改良种植土。

建议可以添加 2.5～5cm 厚的堆肥、腐烂良好的肥料，或者你最喜欢的有机肥料。你不需为此多费心神，直接把它们添加到种植床上，完全撒匀就可以了。冬季里这些营养物质会被分解，到了春季，作物就可以直接享用了。

如果你和我一样，生活在温暖的气候里，植物一年四季都能生长，那么你一年需要修整种植床两次，一次在温暖季节结束时，一次在凉爽季节结束时。

不管你从事哪种园艺，秋天都是一个改良土壤的好时机，对于有机种植而言，更是如此。有机肥料释放得更慢，改良土壤之后再越冬，会让你的园艺实践在春季到来之前占据先机。

别忘记覆盖

由于某些原因，很多人经常会忽略覆盖种植床。我不知道为什么会这样，因为覆盖的好处是显而易见的，主要包括以下几点：

- 减少杂草
- 保持土壤水分
- 保持土壤凉爽
- 延长土壤寿命

实际上，你不需要任何花哨的东西，草屑、碎叶子或木屑都是很好的覆盖物。在修整好种植床后，在上面加上 2.5～5cm 厚的护根覆盖物，将十分有利于植物生长。

轮作

虽然修整、覆盖好了种植床，但最好每隔一段时间就改变一次种植床上的植物种类。尤其是像番茄、南瓜和黄瓜这类消耗营养较多的植物，更应该每季轮换一次，以确保土壤营养消耗较为均衡。除此之外，许多病虫害会更偏爱某些植物，因此，在种植季中不断更换它们的种植位置，可以很好地降低某些病虫害的流行。

简易种植床

没有比这更简单的了——一个简易种植床设计只需要 8 种物品，不需要钉子、螺丝或电动工具。如果你受到以下条件的限制，那么它将会非常适合你：

- 居住的地方是租来的，不想建造永久性的种植床
- 不太擅长手工活，想做简单的东西
- 目前没有很多钱可以投入园艺中

该设计依赖于种植砖的使用，这种砖是混凝土预制并开槽的，适合与 5cm × 15cm 的木条搭配使用。你需要至少 4 块种植砖和 4 根木条。

如果你完全是一名新手，简易种植床是最好的选择。

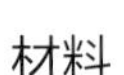

材料

- 5cm × 15cm 的木条，切成合适的尺寸
- 4 块种植砖
- 5cm × 10cm 的木条，切成合适的尺寸（可选）
- 钻孔和螺丝（可选）
- 混合种植土
- 植物

步骤

步骤一：为了方便组装，在购买木条时就要将其切割成合适的尺寸。只要是适合园艺空间独特环境的尺寸都可以。如果你需要一些常用的尺寸，建议可以选择以下任何一种：

- 1.2m × 1.2m
- 0.6m × 1.2m
- 1.2m × 2.4m

步骤二：木条切割后，要清扫、平整地面，以便放置种植砖。这是十分关键的一步，因为你要建造的是一个滑入式组装的种植床。平整地面后，只需要将 5cm × 15cm 的木条插入种植砖的卡槽中，即可完成主体结构。

步骤三：如果想增加一层杂草或害虫防护层，可以在新建造的种植床底部铺上景观织物或金属丝网。也可以放几张硬纸板作为衬里，随着时间的推移，它会被逐渐分解，这样不仅能在短期内抑制杂草，还能为土壤提供养分。

种植砖的卡槽能完美匹配 5cm × 15cm的木条。

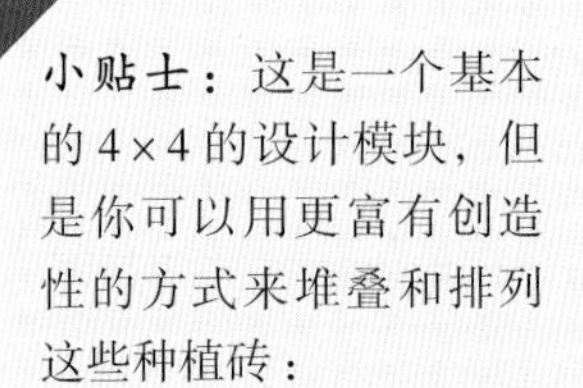

小贴士：这是一个基本的 4 × 4 的设计模块，但是你可以用更富有创造性的方式来堆叠和排列这些种植砖：

- 将多块种植砖堆叠在一起，建造一个更高的种植床
- 将 5cm × 10cm 的木条固定在种植床的顶部，当作坐凳
- 创建各种奇形怪状的种植床，以适应独特空间

如果有杂草或虫害困扰，可以在底部铺垫景观织物或金属丝网。

对于租户来说，这个设计是完美的，它可以在几分钟内完成拆卸。

香草和小型绿叶蔬菜在每块空心砖的孔洞里都能很好地生长。

砖砌种植床

如果你不想用木头建造种植床，那么砖砌种植床是个不错的选择。通过结合空心砖和水泥砖，不仅可以定制你想要的尺寸，而且还能搭配柱子和支架。

如果你住在租来的房子里，或者不想建造永久性的种植床，那么砖砌种植床也是很好的选择。

你经常可以在克雷格列表网站（类似于易趣网）或在家附近找到废弃的砖块。

材料

- 景观织物（可选）
- 4块或更多的空心砖
- 4块或更多的煤灰砖（至少需要4块，可以根据种植床尺寸进行添加）
- 混合土
- 植物

步骤

步骤一：和所有的建筑工程一样，请先确定种植床的正确位置并平整地面。砖块是从下往上砌起来的，想要种植床顶部齐整，平整地面十分重要。你甚至可以让最下面的砖块埋在地下，以获得更好的稳定性。

步骤二：在砌砖之前，先决定是否要铺垫金属丝网、景观织物、旧报纸或其他类型的防护层。我个人推荐在易发生虫害的种植床上使用金属丝网，而在易生长杂草的种植床上使用景观织物。如果两种问题都存在，则可以同时使用这两种防护层。

步骤三：从花园的一角开始建造种植床，将煤灰砖和空心砖按设计的样式砌好，这样种植床的结构就完成了。

步骤四：在种植床中填满混合土，开始种植。你可以把空心砖上的孔洞空着，也可以填土进去，在里面种上植物。我喜欢在空心砖上种植能吸引传粉昆虫的开花植物，而在种植床的其余部分种植可食用植物。这样可以有效地吸引蜜蜂和其他传粉昆虫进行授粉。

经典种植床

这种种植床使用了最基本的切割木材，其设计非常简单。无论你住在哪里，都能找到这些材料。实际上，在房子周围就可能散落着一些旧木板，你可以重新利用它们来完成种植床建造。

这款种植床所使用的材料花费很低，物美价廉。

材料

- 4 块雪松栅栏板，尺寸为 1.3cm × 14cm × 120cm
- 1 根栏杆，5cm × 5cm × 90cm
- 圆锯
- 钻孔机和钻头
- 16 个甲板螺丝钉，ϕ 12mm
- 景观织物

步骤

步骤一：该设计十分经典，是边长为 120cm 的正方形，并在栅栏板的连接处加固了 10cm 的栏杆柱，你可以从种植床的任意一边轻松进行操作。你也可以根据自己的需求，用圆锯把栅栏板和栏杆修改成合适的尺寸（或者直接定制）。

步骤二：在每块木板上预先钻好孔，以免它们破裂，尤其是我们在此使用的薄木板。

步骤三：在平坦的表面上，将木板的拐角部分对齐，如果不想让种植床歪歪扭扭的话，一定要保证拐角完全对齐。然后将甲板螺丝钉钉入进行固定，这样就建造完了种植床的初始框架。

步骤四：在每个角上增加栏杆柱，然后拧入螺丝钉以得到更稳定的支撑。确保在每侧均拧入两颗螺丝钉，以提高稳定性。

步骤五：如果有穴居害虫的困扰，可以在底部铺垫上金属丝网；如果有杂草困扰，则可以在底部铺垫上景观织物。当种植床设计得很长时，为了防止木板弯曲变形，可以在每块板的中间加上支撑杆。

步骤六：现在，你已经建造好了一张长 120cm、宽 120cm、高 14cm 的种植床了，它非常坚固，我们可以开始栽植作物了。

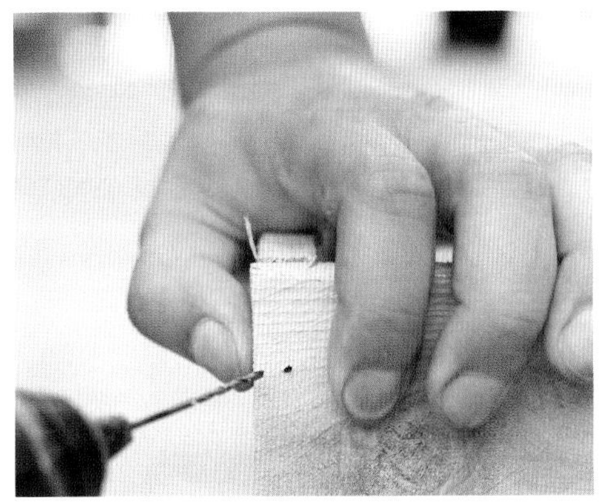
用薄木板建造种植床时，一定要预先钻孔。

在将甲板螺丝钉钉入木板时，一定要确保表面平整、形状方正。

栏杆柱增加了框架的强度，使种植床在添加土壤之后，不会翘曲和弯曲。

建议使用景观织物，来防止杂草生长。

在种植床中填满种植土，移栽幼苗，浇水，然后作物就能正常生长了。

4

垂直园艺

对于空间有限的园丁来说，没有比垂直园艺更好的园艺方法了。我们不应将脚下的地面视为唯一的种植空间，而要将地面上方的整个世界都纳入空间利用范畴。除了节省空间外，垂直园艺还有数不尽的优势，包括：

- 除草和维护工作较少
- 空气流通性更好，减少了病虫害
- 易于取用，减少身体劳损
- 非常适合在极小的空间内种植藤蔓植物

在何处搭建垂直园艺空间

垂直园艺的美妙之处在于，需要的空间比许多其他园艺方法少得多。由于植物是向上生长的，你只需要 30 ~ 60cm 宽、15cm 深的种植空间就够了。但在确定垂直园艺空间的位置时，还应考虑一些独特的因素。

首先要考虑的是，你是准备搭建一个独立式的垂直园艺空间，还是准备把垂直园艺空间搭建在一个现有的构筑物旁，如篱笆或墙等。如果你准备让植物靠墙生长，要尽量避免朝北，否则一天之中植物生长几乎无法获得阳光。如果你仅有一面朝北的墙，那么要选择耐阴的植物，如菠菜、生菜和其他绿色植物。垂直园艺空间的完美位置应该是朝南的，只有这样才能在一天中获得最多的直射阳光。

如果要搭建的是独立式垂直园艺空间，那么你还需要考虑阳光、风和支撑结构。由于垂直园艺空间向上生长，在获取了更多阳光的同时，也会遮挡一部分下方植物。因此，请注意不要在垂直园艺空间的阴影下种植喜光植物。如果你在阳台上或者其他有风的地方搭建垂直园艺空间，要特别注意支撑物的稳定性，一定要将支撑物牢牢地固定在地面，否则会被风吹散。

将一个简单的棚架固定在一个普通的种植箱上，就能显著增加种植空间。

植物如何攀爬

为植物选择何种支撑物取决于植物向上攀爬的方式。大自然是一位巧妙的设计师，它为植物的自然攀爬设计了几种不同的方法。

藤蔓植物喜欢快速生长，但是这种快速生长通常是以无法支撑自身重量为代价的。它们的根系发达，能为它们垂直生长提供充沛的能量。

当藤蔓植物向上生长时，你的任务是为它们提供供攀爬的支撑物，帮助它们不断向上生长。切记，这些藤蔓植物的生命力十分旺盛，会不停地攀爬，因此，一定要进行适当的修剪。

牵牛花缠绕在竹木栅栏周围。

一株南瓜幼苗的卷须已经附着在椰壳纤维绳上。

缠绕藤蔓

通过缠绕藤蔓，牵牛花等植物的主茎在攀爬时能绕着支撑物生长。它们使出浑身解数，向前弯曲，直到找到可以抓住、固定的东西。在种植这种藤蔓植物时，你可以使用任何可以满足它们完全缠绕的物件。

卷须

另外，还有一种长着卷须的攀缘植物。与通过主茎缠绕支撑物的藤蔓植物不同，这种攀缘植物长有像卷须一样的结构，在找到支撑物之前，它们会不断地摆动。一旦找到支撑物，卷须就会紧紧围绕着它。豌豆是蔬菜园中最具代表性的卷须类攀缘植物。

如果你的卷须攀缘植物无法很快找到支撑，它们可能会倒下并开始围绕自己旋转。它们的卷须会抓住植物自身，认为自己就是一个支撑物，从而造成混乱。使用铁丝网和格子网是控制这些攀爬者的极好方法。

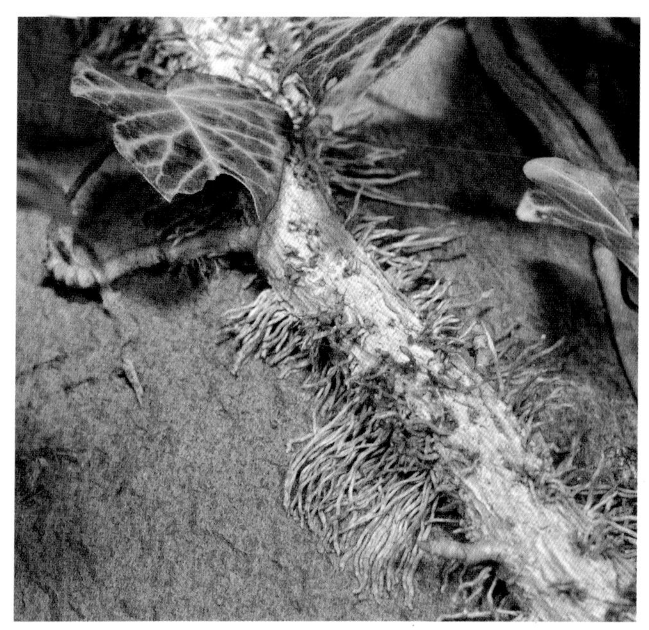
入侵的英国常春藤具有附着力很强的气生根结构。

玫瑰是多刺攀缘植物的典型代表。

气生根

气生根攀缘植物最容易攀爬生长。它们的生长简直太容易了，这一类的主要植物，如英国常春藤就证明了这一点。在许多地区，英国常春藤都是一种入侵植物，主要得益于其旺盛的生命力和气生根的出色攀爬能力。它们从植物的茎上生长，能很快地附着在任何其接触到的东西上。它们太具有侵略性了，如果完全放任不管，它们甚至可以撕掉墙上的油漆。

刺

有些植物喜欢更粗犷的方法，它们能长出刺并利用这些刺附着在支撑物上。例如，在生长过程中只要轻轻地引导它们，多刺黑莓就可以轻易地爬上棚架格子。

这株黄瓜的卷须没有缠绕在棚架上，所以用了一根扎带来提供支撑。

为无法自我支撑的植物提供帮助

如果你想种一些天生没有攀爬能力的植物，那么就要运用科学的力量了。这里有一些方法可以把植物固定在棚架或其他垂直园艺空间构筑物上：

尼龙扎带——既便宜又易用，可以用扎带将植物的茎固定在支撑物上，但要注意保留一定的生长空间。

扎丝——可从杂货店回收利用，但不要绑得太紧，其中的细金属丝会直接划破脆弱的植物。

麻绳——缠绕在支撑结构之间非常好用，能为植物提供横向生长的空间。也可以将麻绳垂直放下，让植物直接爬上去。

胶带——如果你只有胶带，也很好用，可以用胶带把脆弱的茎包缠起来。

栅栏夹——在任何当地苗圃商店或网上商店中都能买得到。它们能快速扣在栅栏上，非常适合用来支撑那些能结很多果实的植物，比如番茄、黄瓜等。而且栅栏夹是可重复使用的，所以很划算。

尼龙袜 / 紧身裤袜——这听起来很傻，但是使用尼龙袜的确是一种在藤蔓植物上支撑大果实的神奇方法，比如瓜类。你可以用它们作吊索来减轻藤蔓的负重。

垂直园艺的多种方法

垂直园艺之美在于你可以发挥最原始的创造力。只要你能想到，就可以把它建在垂直种植系统里。下面是一些我最喜欢的利用创意材料进行垂直园艺的方法。

这种由木头和细绳制成的棚架很好地利用了番茄的蔓性植物特征。

棚架

棚架是垂直园艺的首选。特别是如果你选择自己动手的话，可以制作出各种形状和大小的棚架。当然，如果你想要最快最简单的棚架，可以直接去大卖场购买。虽然，它们可能会比你想象中更贵一些，而且在大多数情况下使用的材料也不太理想。一般来说，质量好的棚架价格也会高一些。

当使用由有机材料制成的棚架时，请注意不要将底部插入土壤太深。因为在潮湿的土壤里，棚架会腐烂得更快。种植季结束后，确保把棚架储存在室内，防止腐蚀。

竹制棚架

竹子是最便宜、最环保、最容易使用的垂直园艺材料之一。竹子的用途几乎是无穷无尽的。我把它看作是垂直园艺中的“乐高积木”。

你可以制作一些简单的构造，比如在地上插几根竹竿，让豌豆或其他卷须类攀缘植物沿着竹竿爬升。或者你也可以发挥想象力，用竹子搭建出整个支撑结构。例如，与其买一个花哨的（昂贵的）棚架，为什么不用竹竿直接做一个呢？你只需要在竹竿交叉处用麻绳、扎丝或尼龙扎带固定好就可以了。竹制棚架的样式多种多样，你可以根据自己的喜好进行定制。

需要定制高度时，竹子棚架是绝佳的选择。

几根竹子和几根绳子就能组成一个坚固的棚架。

建筑金属丝网

建筑金属丝网也被称为金属丝网、围栏或护栏，这是搭建棚架的一种廉价方式。它的金属丝之间通常有 15cm 的空隙，便于在垂直园艺空间里使用。大多数五金店都会出售 1.5m × 3m 的金属丝网片，或者 1.5m ×（3 ~ 6）m 的金属丝网卷。

如果你使用的是建筑金属丝网，建议使用断线钳，以便进行切割。你还需要给它们喷上一层防锈剂，因为以我的经验，这些金属网片暴露在自然环境下很快就会生锈。

你也可以用非结构化的棚架来支撑那些不需要太多支撑的植物。这种方法对黄瓜之类的植物非常有效，因为你可以将棚架以 45° 斜靠在篱笆上，让黄瓜从棚架的格子中垂下来。等到收获的时候，只要在棚架下剪几下，就可以美餐一顿了。

黄瓜棚架倾斜45° 可以更方便地收获果实。

冬瓜从漂亮的凉棚上垂下来。

凉棚和拱棚

我看到的最令人惊叹的垂直园艺常常使用拱棚，以创造一个可食用的“隧道”。在悬挂着南瓜、黄瓜、甜瓜、豌豆等植物的拱棚下行走是一种不可思议的感觉。

凉棚和拱棚是很有魅力的垂直园艺设施，我建议可以直接买一个，将其两端直接插入种植床中，或者把它们架设在花园小径上，效果都很好。

围栏

由于围栏的搭建方式多种多样，因此在围栏上种植既有优点又有缺点。如果你有幸已经拥有了一个有间隙的围栏，比如铁丝网围栏，那么你就可以用它作为棚架了。否则，你需要给围栏加上支撑物，把它变成一个垂直园艺装置。

高承重的模块化棚架

制作园艺棚架可以有成千上万种方法，究竟应该选择哪一种？这里需要考虑你想种的植物种类和你想要的坚固程度。从攀缘豆类到大南瓜，重型金属格架可以支撑你想种的任何东西。如果你不太擅长手工，也不用担心，这种棚架不需要任何电动工具、钉子或螺丝钉。

确保在植物刚开始生长时就将棚架装好，这样植物就可以随着生长自然地向上攀爬。

材料

- 护栏板或围栏板
- 1.8m 长、直径 1cm 的混凝土钢筋
- 3m 长的 DN13 EMT[③]管
- 20cm 长的电缆扎带

步骤

步骤一：将护栏板放置在花园中计划搭建棚架的位置。这种特殊的设计非常适合放置在种植床的边缘。

步骤二：将混凝土钢筋从护栏板的边缘插入地面 5～7.5cm，将导线管套在钢筋上，并牢牢按压入地面。

步骤三：用电缆扎带将护栏板固定在导线管上，完成后用剪刀剪去扎带末端。

步骤四：如果你种植的是自身没有攀爬能力的植物（比如番茄），则需要在植物生长过程中，轻轻地将植株生长尖端穿过护栏板的孔眼。对于自己可以攀爬的植物（比如豇豆、豌豆等），你可以放手让它们自然爬上棚架。

你可以放手让它们自然爬上棚架。

使用扎带和麻绳让棚架更易组装和拆卸。

在绑蔓夹的支撑下，一株南瓜幼苗的卷须正绕着护栏生长。

---

③EMT：Electrical Metallic Tubing，镀锌导线管，具有坚固、耐腐蚀等优点。

重新利用悬挂式鞋袋

这种做法非常适合空间有限的情况，即使对空间非常小的公寓也很适用。重新利用悬挂式鞋袋是一种能将很多植物挂在墙上或栅栏上的好办法。最妙的是，材料成本很低，远比大多数垂直园艺设施便宜得多。

材料

- 便宜的悬挂式鞋袋
- 用来悬挂的螺丝钉或钉子
- 剪刀
- 盆栽混合土
- 移植幼苗

步骤

步骤一： 选择合适的位置。栅栏、棚子和车库都是不错的选择，你也可以把它挂在家里阳光充足的墙上。一定要用螺丝钉固定好，因为在悬挂式鞋袋中还要添加土壤、水和植物。

步骤二： 向其中一个袋中倒些水，观察水是如何排空的。如果水面上升，无法顺利排出，则可以用剪刀或其他锋利的东西在底部戳几个洞来增加排水。

步骤三： 在每个鞋袋中填满盆栽混合土，注意在顶部预留一些空间，这样土壤就不会溢出来。

步骤四： 移入植物，并在根部再添加一些土壤。然后浇水，检查水是否溢出。

可选： 如果你想让它更漂亮一些，可以添加植物标签或装饰品。

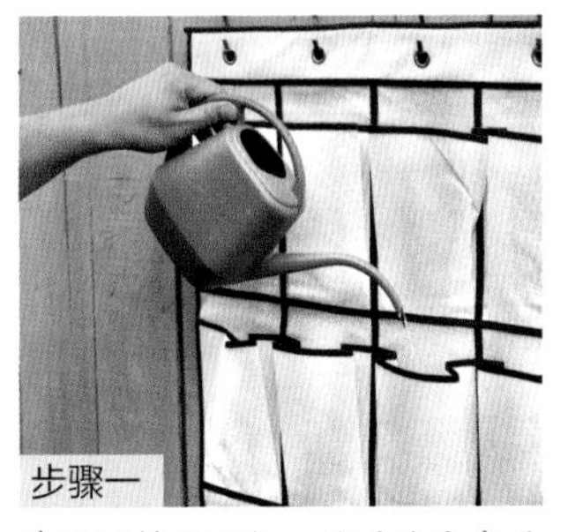

请确保排水顺畅，这是决定成功的关键步骤。

对于没有孔的悬挂式鞋袋，应该戳几个洞以便排水。

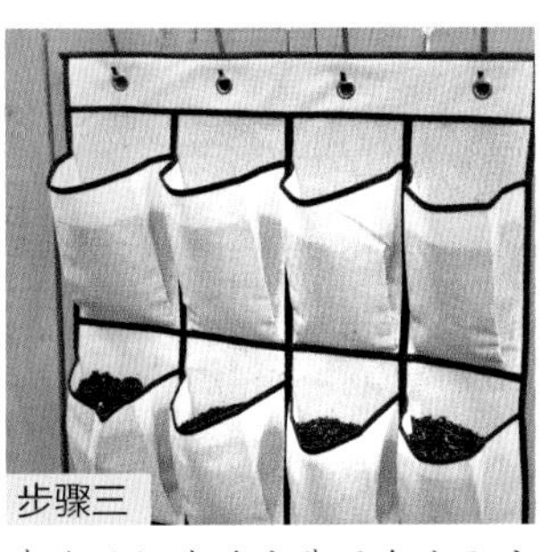

请使用经典的盆栽混合土配方（参见p.67）以获得最佳效果。

一定要把袋子填满混合土，注意要盖住植物的根球。

▶ 美观、模块化且可移动……在垂直园艺中，你还能要求什么呢？

雨水槽园艺

雨水槽是最好用的垂直园艺材料之一，它们无处不在，随手可得。无论住在哪里，你都能找到一些排水槽，而且轻易地把它们改造成美观实用的围栏或围墙园艺空间。

制作雨水槽园艺所需的大部分材料都可以在当地五金店买到。

材料

- 雨水槽挂钩
- 螺丝钉
- 电钻和钻头
- 3m 长的雨水槽
- 雨水槽两端的盖板
- 盆栽混合土
- 植物

步骤

步骤一：尽可能选择朝南、朝东南或朝西南的围栏或墙面。如果你想种植喜阴的作物，或者实在没有其他选择，那么朝东、朝西或朝北也可以。

无论要把雨水槽园艺空间建在哪里，都应该先有一个坚固的结构用来固定雨水槽。因为，雨水槽要负担土壤、水和植物的重量，所以要确保它的稳固性。这里推荐一个好方法，就是把雨水槽固定在两根围栏柱之间，雨水槽两端至少突出 5cm。

用螺丝钉把雨水槽挂钩固定在围栏柱上。按照自己的设计，水平放置或倾斜一些都可以。我习惯选择将它们水平放置。但其实我也喜欢将雨水槽倾斜放置，这样能很好地利用重力进行排水。

步骤二：关于雨水槽的布置方式，有以下两种选择：

- 水平悬挂，并在整个雨水槽底部钻好排水孔
- 每个雨水槽均稍微向同一边倾斜悬挂，并在较低的一端底部钻好排水孔

步骤三：将雨水槽挂在固定好的挂钩上，并将两端的盖板安装固定好。

步骤四：填入你最喜欢的盆栽混合土后，就可以准备栽种植物了。

步骤五：因为雨水槽比较浅，所以你必须仔细选择能在此种植的作物种类。例如生菜、亚洲绿叶菜、菠菜和芥菜等都是不错的选择。如果你喜欢根茎类作物，那么可以首选萝卜和甜菜。如果你想种植水果，可以选择草莓。其他可选的作物种类包括小葱、韭菜或大葱，以及几乎任何品种的香草和豆荚类作物。

步骤一

用螺丝钉将雨水槽挂钩固定，因为雨水槽将会承受很大重量。

步骤二

在雨水槽上钻排水孔可以防止根系腐烂。

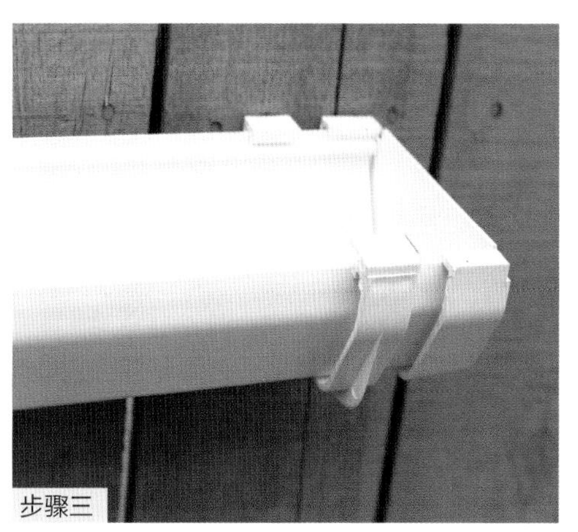

步骤三

将雨水槽末端的盖板扣好，可以很好地容纳土壤和水。

步骤四

由于雨水槽的深度较浅，在标准的盆栽混合土中加入一些泥炭苔藓效果会更好。

步骤五

我的雨水槽中已经间种了罗勒和草莓。

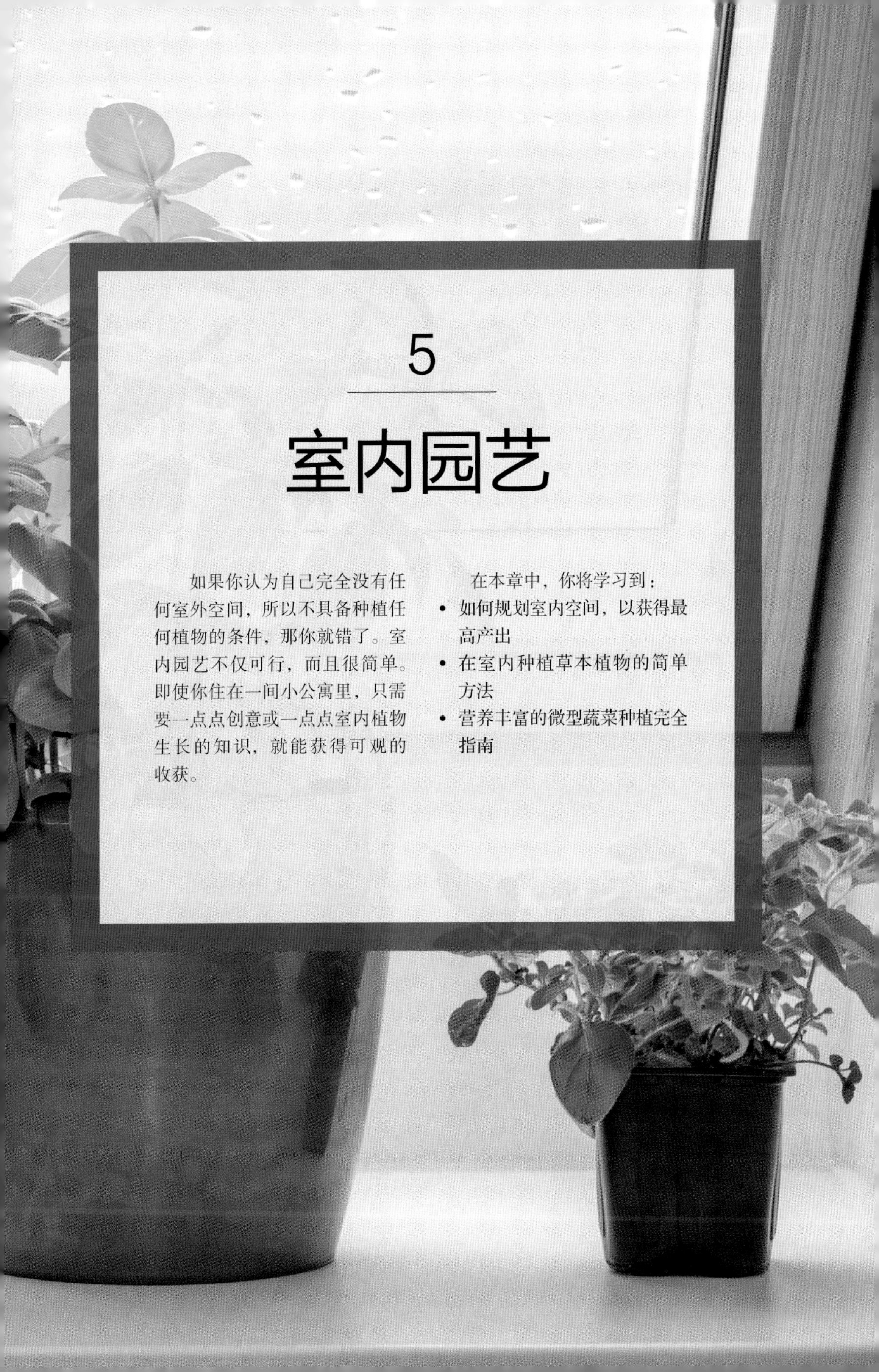

5

室内园艺

如果你认为自己完全没有任何室外空间，所以不具备种植任何植物的条件，那你就错了。室内园艺不仅可行，而且很简单。即使你住在一间小公寓里，只需要一点点创意或一点点室内植物生长的知识，就能获得可观的收获。

在本章中，你将学习到：

- 如何规划室内空间，以获得最高产出
- 在室内种植草本植物的简单方法
- 营养丰富的微型蔬菜种植完全指南

这扇朝南的窗户采光充足，所以应尽可能多地摆放些多肉植物。

规划室内种植空间

室内园艺可以占用任何你愿意牺牲的或大或小的空间。如果你和我一样热爱种植，就不会觉得有多大的牺牲。无论住在哪里，我都会把植物挤进生活空间的每一个角落，试图创造一个可食用的“城市丛林”。

朝南的窗台是室内园艺的圣地，因为这里能够最大限度地利用光线。如果有这样的窗台，你甚至可以在室内种植圣女果、豆类以及其他较小的果实植物。

垂直搁架是一种很好的选择，它可以最大限度地利用墙壁、获得阳光，而且不会占用太多的地面空间。在我自己的房间里，我把在 Craigslist 网站上找到的一个倾斜书架重新布置了一下。我在它上面种植了家中唯一的观赏植物，这组美丽的室内植物给我的卧室带来了一份宁静。

▶
重新利用的踏步凳或倾斜书架都是很好的植物架。

如果以价格来计算，香草植物是室内园艺中价值最高的作物之一。

厨房香草：给你的家加点儿香料

在家里，厨房的香草花园是我的最爱之一。我在室外也有一个茂盛的香草花园，但是做饭时在水槽边，随手就能摘一些新鲜的罗勒、百里香或牛至来给锅里的东西调味，这种感觉很奇妙。

开始在厨房种植香草时，请诚实地回答自己，即真正喜欢在厨房里使用的香料是什么？最初，我几乎种植了所有能在阳光下生长的东西，因为这样看起来像是“一个园丁应该种植的东西”。但是，当我在厨房里种植了一年从未使用过的鼠尾草之后，我终于和它说了“再见”。

梅森罐香草花园

梅森罐是一种久经考验的室内园艺容器，它们由常见的材料制成，容易改造，而且便于移动。

这种香草花园可以摆放在窗台上、凸窗上，或者安装在一块木板上，或者用一些软管夹挂在墙上。

梅森罐最大的好处是它的可移动性，你可以把它们移到家里任何有光的地方。

材料

- 广口梅森罐
- 砾石或卵石
- 园艺木炭（可选）
- 盆栽土
- 香草种子或幼苗
- 植物标签（可选）

如果你想把这些梅森罐挂起来，则需要以下物品：

- 木板
- 电钻
- 螺丝钉
- 软管夹
- 电缆钉
- 锤子

步骤

步骤一：首先把罐子装满。梅森罐底部没有排水孔，所以应在底部放置1.2～2.5cm高的卵石，以防止过度浇水。如果你愿意，还可以将它们与园艺木炭混合起来，用于稳定土壤pH，防止细菌积聚。

步骤二：在梅森罐中填满盆栽土，然后播种或移植香草幼苗。请注意一定要把根部盖好，把根系展开一些，使其更好地在罐中延展。如果你愿意，还可以给罐子贴上各种不同的标签。

步骤三：这些小园艺空间非常容易打理，因为梅森罐是透明的，植物是否需要浇水一目了然。建议经常采摘香草以防止它们疯长，当它们开始开花或者衰败时就应该更换成新的幼苗。

如果你想把这些梅森罐挂上墙：

在墙上放一块木板，并将其固定，最好是钉在墙上。拿出软管夹，在木板上摆好对齐，然后用锤子和电缆钉把它们固定起来。

步骤一

虽然这不是必需的，但如果浇水过多，卵石可以保护罐中的土壤。

步骤二

移栽前留出2.5cm左右的空间，以便加盆栽土覆盖住根球。

步骤三

虽然你可以直接在梅森罐中开始播种，但移植也是不错的选择。

微型蔬菜是我在小空间中最喜欢种植的植物之一。

微型蔬菜：大自然的小秘密

你没听说过微型蔬菜吧？我保证你一定会爱上它们。它们已经在烹饪界爆红，出现在高档餐厅的精美菜肴、汤和沙拉中。

微型蔬菜究竟是什么？

微型蔬菜听起来像是一种农业试验品，但事实要简单得多。微型蔬菜只是一些普通植物，只不过和大多数可食用植物相比，微型蔬菜在较短的生长期内便能收获。它们发芽、生长，直到长出第一组真叶——子叶，即从种子发育后长出的第一轮叶子。如果你在商店里看到过袋装的嫩菠菜，倒回几周时间，你就能想象“微型菠菜”是什么样子了。

如果你居住在较小的空间里，但仍然渴望种植一些植物，那么这些美味、营养的绿色蔬菜是最好的选择。在不到 $0.1m^2$ 的空间里，14 天内你就可以种植出一整盘的微型蔬菜（足够做 2 ~ 3 份沙拉）。

种植微型蔬菜的基本材料

为了保证微型蔬菜生长良好，你需要一些关键的材料，比如种子、托盘和土壤。

在哪可以买到散装种子？

由于我们会将微型蔬菜种植得很密，所以需要更多种子。袋装种子有点儿贵，最好成批购买。建议大家参见 p.218，上面有我推荐的一些供应商。

如果你刚开始种植微型蔬菜，可以先买几包种子做尝试。一旦找到了喜欢的品种，你就可以购买大量的种子来节省成本了。

种植托盘

从技术层面而言，任何能保持土壤和水的东西都可以用来种植微型蔬菜。你可以利用家里的任何东西，比如杯子、鸡蛋盒、旧塑料容器等，这样的例子不胜枚举。

但是如果你想用符合工业标准的微型蔬菜种植装置，可以使用25cm×50cm的种植托盘。每种微型蔬菜需要两个托盘，在种子发芽时可以将一个托盘翻过来盖在上面，用于遮光防潮。

一片萝卜苗“田地”已经到收获季节了。

土壤

微型蔬菜不需要从土壤中摄取太多营养，因为它们的收获周期较短，所以能从种子里获取大部分所需的营养。尽管如此，我发现在土壤中种植微型蔬菜依然比水培更容易。

种植微型蔬菜使用标准盆栽土即可，你也可以根据本书中的配方，自己配制营养土。最需要考虑的因素是土壤颗粒的大小。应尽量避免大卵石、碎树皮和其他大颗粒，因为它们会破坏微型蔬菜的生长。如果你能用孔径为2.5cm的筛网把土壤筛一下，那就更好了。这样可以确保土壤柔软、轻盈和蓬松。

标准的1020种植托盘是极好的微型蔬菜生长容器。

从开始到收获

大部分微型蔬菜在 8 ~ 14 天就可以收获，整个生长过程较短。

准备托盘

在播种之前，你需要准备种植托盘，然后将湿润的土壤填入托盘中，直到托盘边缘下方，要确保土壤表面均匀光滑。填土不宜过多，否则会影响收获。

小贴士：建议在托盘底部先加水，再填土，这样做会让土壤更加均匀、湿润。

播种

播种的量取决于种子的大小。对于大多数绿色蔬菜来说，播种最理想的量是 28g 左右。对于较大的种子，比如萝卜、豌豆和向日葵等，则需要 57 ~ 114g 的种子。

播种时要尽量均匀。如果你种植的是像罗勒这样种子非常小的植物，则需要特别注意撒种的覆盖范围。对于像萝卜或卷心菜这样种子较大的植物，可能需要播种比你想象得更多的种子。切记，即使种子很大，一粒种子也只能孕育出一株植物(除非你种的是甜菜或莙荙菜)。

播下种子后，可以用喷雾瓶进行大量喷水浸润它们。

小贴士：泡还是不泡？

浸泡种子可以加速种子发芽，这已经不是什么秘密了，但是在种植微型蔬菜时，一定要这样做吗？对于豌豆和向日葵来说，浸泡是必需的过程。但对于其他品种，我认为没有必要，直接把种子撒在土壤表面即可。

翻转托盘

为了促使种子发芽，我们需要一个温暖而黑暗的地方。建议将另一个托盘反过来盖到种植托盘上。请确保没有光线照进去，然后把托盘放在温度保持在 21℃左右的地方。

萌发阶段

至此，你已经种下了种子，并为它们覆盖了遮光罩。现在，你需要做的是在种子发芽的前 3 ~ 4 天里，每隔 12h 左右为它们喷一次水。你可以随意打开看一下，时不时地检查一下生长情况，这样做不会对它们造成伤害。

有了遮光罩，种子将会非常湿润，因此最好将它们放在一个温暖的地方。如果很难找到温暖的地方，则可以考虑购买育苗加热垫。切记，大多数植物的最佳发芽温度为 18 ~ 29℃。

你可能想问："这些遮光罩需要盖多久？"答案是："看情况。"你可以把取下遮光罩的时间锁定在种子发芽后的 3 ~ 4 天。由于在这个阶段没有光线照射到植物上，它们因此无法进行光合作用，所以看起来会有点儿虚弱。不过没关系，这个过程只要不持续太久就没问题。

填入土壤之前，在托盘底部加入4杯水是一种有效的预湿方法。

尽可能均匀地撒播种子，以避免局部生长过于密集。

种子需要一点儿水分来启动发芽过程。

另一个1020种植托盘颠倒放置完全可以作为遮光罩。

经过几天光照后的萝卜苗。

光照

当种子已经发芽并在黑暗中度过几天之后，是时候把它们带入光明中来了。这就是微型蔬菜和芽菜的区别之处，它们可以吸收光照，并实际生长超过子叶阶段（植物的“种子叶”）。

在这个阶段，请把托盘放在一个空气自然流通的地方，或者用风扇补充空气循环。为了避免一些常见问题，空气循环是绝对必要的。刚开始时我忽略了这一点，毁了好多盘菜苗。

确保每天一定要给托盘喷几次水，以保持充足的水分。因为微型蔬菜十分娇嫩，托盘变干会导致茎迅速失去支撑力。虽然及时加水可以救活它们，但看起来仍会不一样，我们都想要美味可口的蔬菜，不是吗？

请确保每天都要浇水一次，最好是从底部浇水，以避免发霉或真菌问题。

为了使收获和清理更容易，记得从微型蔬菜顶部刷掉所有的种子壳。相信我，这能帮你在随后的环节中节省很多时间。

收获和清理

收获的过程很简单却至关重要。你很可能会遇到一些麻烦，如果能遵循一些简单的指导原则，将会确保整个过程简单且平稳。

首先，用一把非常锋利的刀或大剪刀来收割。一只手轻轻地抓着微型蔬菜，用刀一束一束地切下来。在底部留下 0.6~1.2cm 长的茎，以避免收获到土壤、种子外壳或发芽不良的菜苗。

收获之后，请立即检查一下。如果菜苗很干净，没有任何污垢、种子外壳或其他碎片，我建议不要清洗它们。清洗会使菜苗的保质期缩短 20% ~30%。

如果你想将这些菜储存起来，或者收获时沾有泥土和种子壳，可以把它们放入一个衬有纸巾的过滤器中。加水，把菜从泥土和种子壳中清理出来。然后把它们放入沙拉旋转器里旋转，尽可能地去除水分。

旋转除水后，将它们摊在纸巾上晾干，然后转移到带有内衬湿纸巾的容器里，放入冰箱。如果严格按照这个流程操作，微型蔬菜就不会在冰箱里烂掉，而且可保存一周左右。

确保收割时不要带起任何多余的碎片，否则清洗起来会非常麻烦。

如何解决微型蔬菜的常见问题

这些年来，我收到了数百封关于微型蔬菜相关问题的电子邮件。以下是一些在种植过程中最常见的问题解决方案。

这些新发芽的水芹种子正在形成根毛。

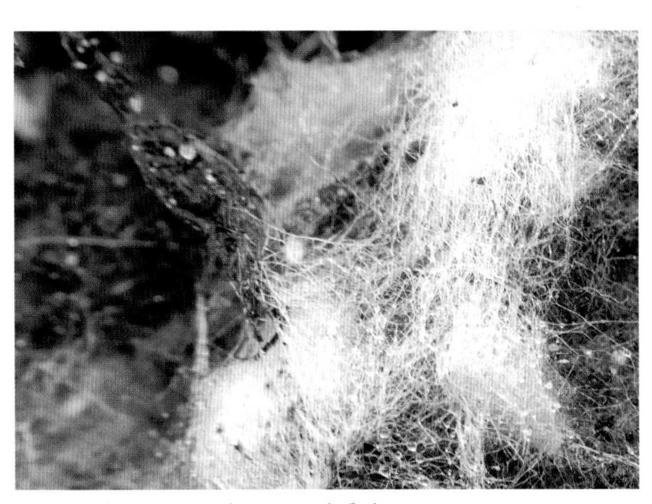

潮湿的土壤上形成了蜘蛛网状的白色霉菌。

霉菌或真菌

由于我所在地区的夏季温度能达到21 ℃以上，湿度也很高，因此霉菌是我遇到的最大问题之一。值得注意的是，根毛和霉菌有很大的区别，它们常常被混淆为霉菌。

根毛集中在单个幼苗的主根周围，呈直线形式向外辐射。它们在微型蔬菜发育早期至关重要，不能受到干扰。

而霉菌看起来就像在土壤表面不断扩张的蜘蛛网。在某个区域从一个小小的球状开始，然后不断增长，迅速扩展。如果你不及时清除，它很快就会爬上植物的茎，毁掉你的所有心血。

以下是导致微型蔬菜发霉的4种主要原因及解决方案：

空气流通不畅——在托盘附近放置风扇，轻轻吹过托盘，增加空气流通。

湿度过高——提前拆除遮光罩或使用风扇降低局部湿度。

太热或太冷——尽量使生长环境保持在21～24 ℃。如果太热，将会为霉菌生长创造良好环境；如果太冷，水分在土壤中停留的时间会更长，也会导致一些问题。

卫生状况不佳——切勿使用未经消毒的工具，并经常对托盘进行消毒。

解决方法

向托盘喷洒由以下成分组成的混合消毒液，或将其浸泡其中：

- 6 ⅓ 杯水
- 3 ½ 汤匙白醋
- 3 ½ 汤匙食品级消毒水（H_2O_2）

如果微型蔬菜上已经有霉菌了，还可以进行以下操作：

使用风扇或将其移动到有微风的地方，以增加空气流通。

减少每个托盘的播种数量，给幼苗更多的生长空间。

在水中滴入几滴葡萄籽提取物。

发芽较慢

微型蔬菜发芽的时间长短取决于你所种植的品种。但如果种子发芽极其缓慢，则要么是种子坏了，要么是种植环境的问题。

解决方法

如果微型蔬菜生长缓慢，请尝试以下方法：

经常喷水以增加湿度。

确保托盘在至少 21℃的生长环境中。

用湿纸巾做发芽测试，确认种子是否能正常发芽。

黄叶问题

在刚去掉遮光罩时，叶子有些黄是正常现象。毕竟，它们没有暴露在阳光下，所以没有机会进行光合作用。但如果叶子在照射阳光后也不是那么绿，那么你需要再进行一些检查。

解决方法

如果你观察到叶子泛黄，可以试试下面的方法：

将托盘放在光线更强的地方。

再次种植微型蔬菜时，早点儿把遮光罩拿下来。

结块问题

有时候很难把种子撒得很均匀。如果种子靠得太近，就容易结块。如果你种的是黏性种子，比如罗勒，那么情况会更糟，因为这种类型的种子会形成一层黏膜，更容易粘在一起。

结块的确是一个问题，因为当种子发芽时，一些幼苗会被“推”到空气中，使它们的根悬浮，并有可能带出泥土。

解决方法

如果你发现微型蔬菜正在结块，建议进行以下处理：

减少每个托盘种植的种子总量。

将种子更均匀地撒在托盘上。

苗弱问题

出现这种情况的原因是多种多样的，几乎涵盖你会遇到的除了以上问题之外的其他所有问题。如果你已经确定自己没有任何以上描述的情况出现，就很难准确地找出为什么个别植株会表现出苗弱现象。

就我的经验而言，很多苗弱问题都是由于没有控制好湿度造成的，不是太干就是太湿。也有些情况是因为我在播种前没有准备好种子，或者过早或过迟地摘掉了遮光罩。

解决方法

如果你发现微型蔬菜看起来很弱，请检查一下自己是否满足了以下要求：

仔细阅读种子包装，查看是否需要对种子进行特殊处理。

坚持正常的浇水和喷水计划。

不同的作物需要在不同的时间摘掉遮光罩，一定要针对作物的具体情况进行处理。

一些作物需要把遮光罩倒过来，给植株加压让它们“挣扎”着生长。

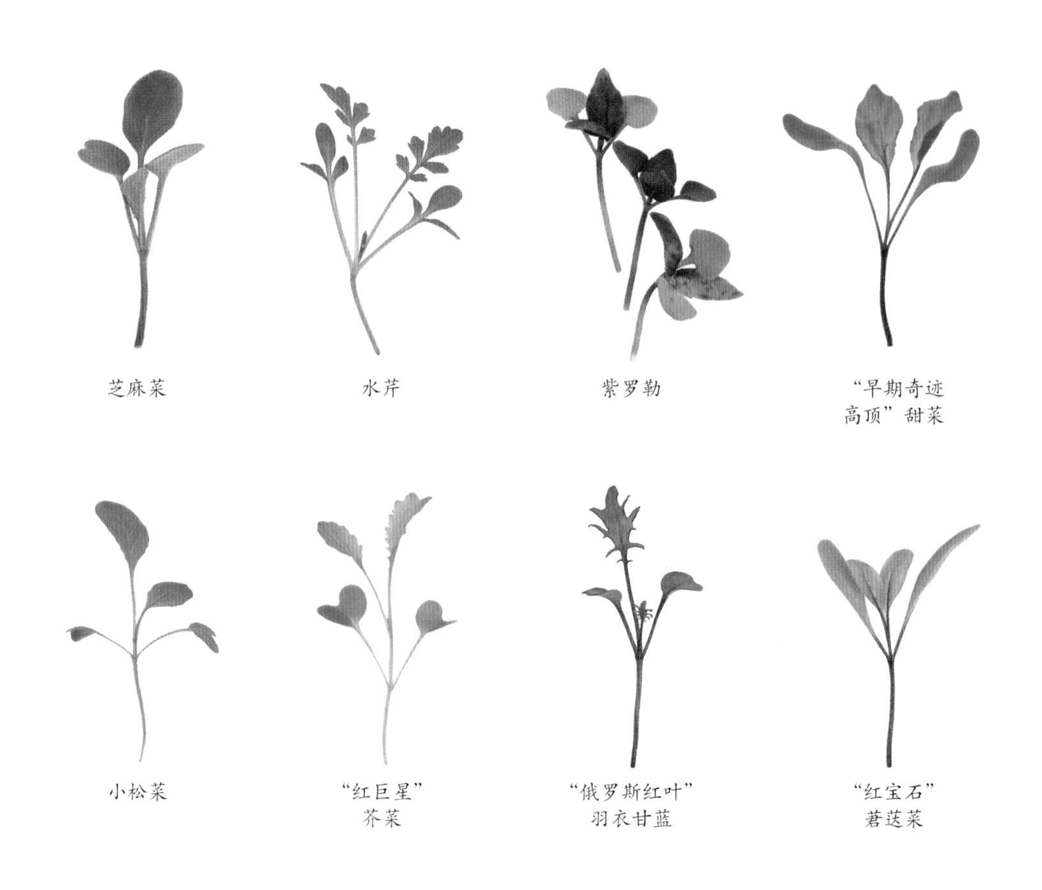

我应该种植哪种微型蔬菜？

经常被作为微型蔬菜栽培的植物有60多个品种。但其中许多品种很稀有，或者很昂贵，不宜大量购买种子。更重要的是，有的品种比其他品种种植起来难度更大。

我已经为初学者列出了一些最受欢迎的微型蔬菜品种，并按照种植难度进行了排序。如果你刚开始尝试，可以试试p.133表中的一些品种，随着经验的增加，再慢慢尝试其他种类作物。

将新鲜收获的微型蔬菜储存在有盖的玻璃罐中，千万不要塞得太紧。

如果冷藏的话，在密封的玻璃罐中，微型蔬菜至少可以保存一个星期，但还是应该尽量在它们最新鲜的时候吃。

微型绿色蔬菜	是否需要浸泡种子？	种子量 (g)	遮光天数	发芽天数	收获天数
芝麻菜	否	1	4 ~ 6	2 ~ 3	8 ~ 12
卷心菜	否	1	3 ~ 4	1 ~ 2	8 ~ 12
羽衣甘蓝	否	1	3 ~ 5	2 ~ 3	8 ~ 12
生菜	否	1	3 ~ 5	2 ~ 3	10 ~ 12
向日葵	是	9	2 ~ 3	2 ~ 3	8 ~ 12
麦苗	是	16	2	1 ~ 2	8 ~ 10
豌豆	是	12	3 ~ 5	2 ~ 3	8 ~ 12
罗勒	否	1	5 ~ 7	3 ~ 4	10 ~ 15
甜菜	否	1.5	6 ~ 8	3 ~ 4	10 ~ 12

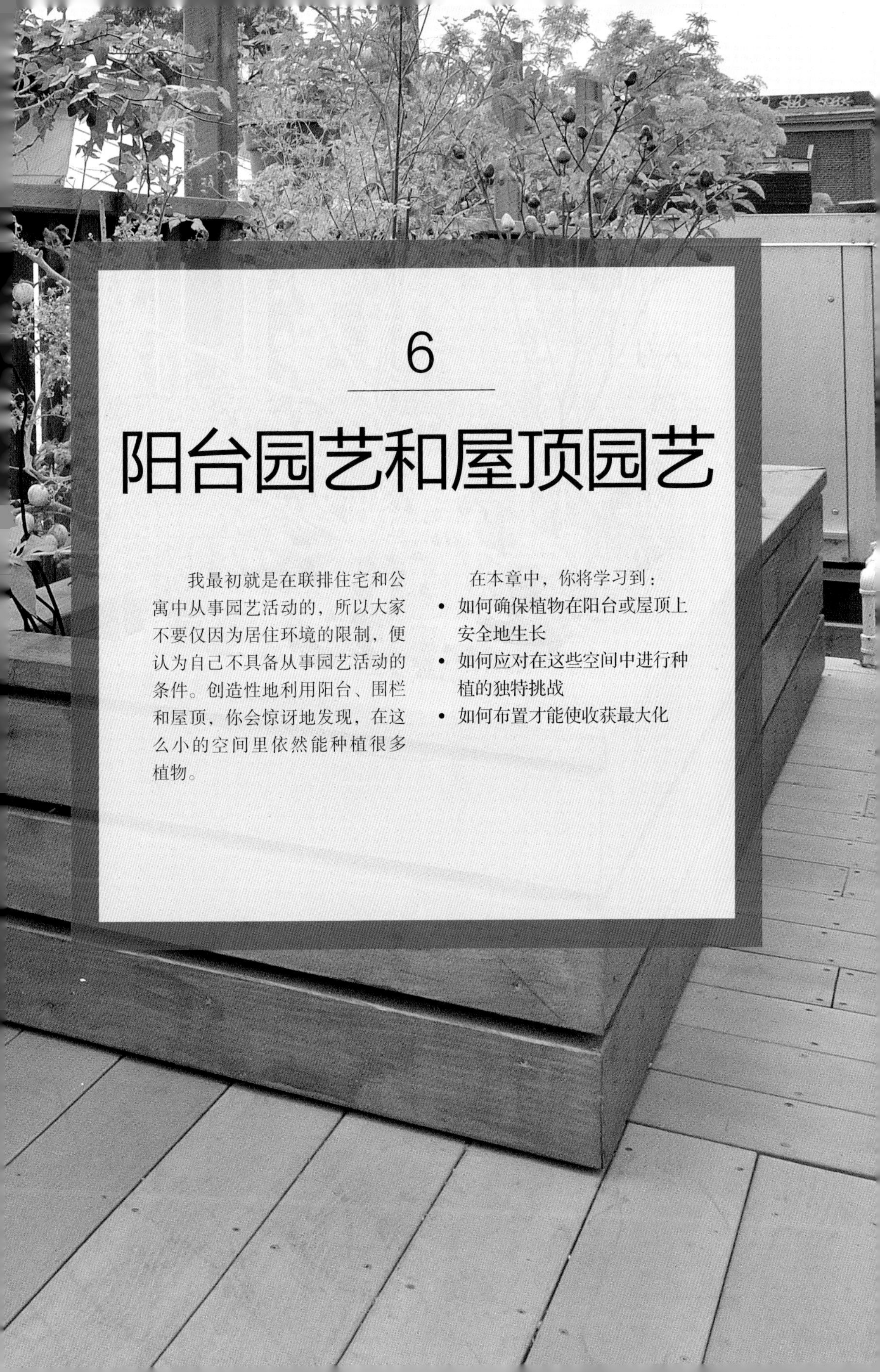

6

阳台园艺和屋顶园艺

我最初就是在联排住宅和公寓中从事园艺活动的，所以大家不要仅因为居住环境的限制，便认为自己不具备从事园艺活动的条件。创造性地利用阳台、围栏和屋顶，你会惊讶地发现，在这么小的空间里依然能种植很多植物。

在本章中，你将学习到：

- 如何确保植物在阳台或屋顶上安全地生长
- 如何应对在这些空间中进行种植的独特挑战
- 如何布置才能使收获最大化

在较小的生活空间里，阳台可能是你唯一的室外园艺空间。

阳台园艺

除了有益于植物的生长，阳台园艺还有很多经常被人忽视的优点。

在成为园丁之前，阳台对我而言只是一个可以坐上几分钟，然后又回到房间的地方。我在阳台上除了翻几页书或吃一顿快餐外，没有什么令人兴奋的事情可做。而当我开始自己种植食材时，就再也不用同样的眼光看待阳台了，我的目光所及之处都转化成了种植的潜力。

通过在阳台上种植植物，你可以美化一个原本单调乏味的空间。更重要的是，你能够达成以下目标：

- 通过增加生活屏障来减少噪声污染
- 让害虫更难进入
- 创造一点儿食物，减少“食物里程”

规划你的阳台丛林

在阳台上种植作物时，你首先要考虑的是阳台本身是否能支撑你所种的东西。大多数阳台都能容纳一些容器或种植床，但在你将植物放进阳台之前，最好先测试一下阳台的牢固性。

当一个容器装满了土壤、水和一株结满果实的番茄时，它的重量会让你感到惊讶。尤其是当种植容器较多时，应尽量把盆栽分散在阳台各处，而不是把它们堆在同一个地方。这样做能分散重量，你就不会遇到任何令人沮丧的阳台事故了。

接下来，我们应该评估一下阳台上的植物生长条件。

阳光

你的阳台是朝哪个方向的？朝南的阳台当然是最好的，但朝东南或西南也可以。即使你仅有一个朝北的窗户，仍然可以种植植物。你只需要将种植的植物换成喜阴的品种即可。

阴影

我建议你分别在早上、下午和晚上各去阳台观察一下，看看阴影是如何落在阳台空间上的，然后再布置你的园艺空间。很多时候如果忽略了这一点就会犯错误，比如，你建了一个阳台园艺空间，却发现把植物放在了一天中 80% 的时间阳光都被遮挡的地方。因此，请注意观察阴影是如何移动变化的，以确定阳台园艺空间中的最佳种植位置。

风

风是阳台园艺所面临的最大问题。风对阳台园艺的影响远比对地面上的种植床或盆栽的影响大得多。所以，你的第一选择应该是种植耐风植物，比如迷迭香。第二个更灵活些的选择是把植物固定好，用挡风玻璃来帮助消解一些更恶劣的阵风。

就像检查阳台上的阴影变化一样，白天要多出去几次，观察风向以及阵风的强度。如果风很大，一定要用重一些的罐子，比如陶土罐。

雨水不含城市水添加剂，可降低雨水排水管的压力。

排水

大多数阳台都有排水孔，或者至少是倾斜的，以便水排向某个特定的方向。建议你在种植前再检查一下排水，避免浇水时，把脏水漏到楼下邻居身上，惹恼他们。

如果你居住在一个多雨地区，可以通过安装阳台雨水桶来获得额外的补给。这样你就可以防止大量的径流被浪费，而且用新鲜的雨水浇灌作物，总比使用城市用水要好。

即便是最小的阳台，也可以通过创造性设计，使其能容纳生产性的绿色植物。

不要害怕在阳台地板上摆满植物。

阳台园艺的设计理念

每一个阳台都是独一无二的，所以你打造的阳台园艺杰作应该符合你的阳台实际情况。话虽如此，要打造一个美丽、实用且富有生产力的阳台园艺空间，仍需要遵循一些基本的经验法则。

摆放式花槽很好地利用了栏杆的空间，但是如果风很大，要注意安全。

对于那些风较大的地方，请用甲板螺丝钉固定花槽。

悬挂式花槽有很多类型，所以请一定要选择适合栏杆的花槽。

地面

如果你愿意牺牲一些空间，阳台的地板是放置大容器的好地方，这些大容器能容纳需要稍大空间才能生长的植物。番茄、辣椒、茄子和豆类都比较适合种在这些摆在地面的大容器里。随着时间的推移，它们会生长得很好。

阳台栏杆花槽

栏杆往往是阳台园艺中最漂亮的地方。它们暴露在阳光下的时间最长，在上面挂上花槽，不占用额外的空间。在一个已经非常有限的生长空间里，这简直是上天的恩赐。

尽管具有很高的使用价值，但由于阳台栏杆样式繁多，究竟如何将花槽准确连接到栏杆上时常令人感到困惑。考虑到阳台会受到风的影响，你一定不想眼睁睁地看着绑在栏杆上的花槽掉到地上。

摆放式花槽

如果你的栏杆是标准尺寸，可以选用底部有相同尺寸凹口的花槽，直接摆放上去即可。你只需要在花槽里填些土，把植物种进去就行了。

如果阳台上风较大，那么这些花槽就不太适用了。因为它们随时可能被风吹走，尤其是当土壤变干、花盆变轻的时候。这种情况下，建议选择其他类型的花槽。

旋入式花槽

旋入式花槽与摆放式花槽结构基本相同，但底部没有凹口。这种花槽通过螺丝钉直接拧入栏杆进行固定，因此非常适合木制栏杆。

悬挂式花槽

此种类型花槽是最常见的栏杆花槽，它们自带挂钩，可以直接挂在栏杆上，靠自重压在栏杆的一侧。如果你确定这些花槽的设计适用于你的阳台栏杆，那么它们将是很不错的选择。

由于栏杆的样式多种多样，我很难告诉你悬挂式花槽是否适合你家的栏杆。因此，我建议应测量栏杆的宽度，并将其与花槽上的钩子或附件的尺寸进行比较。

吊篮可以利用顶部上方的空间生产出大量食物。

悬挂花园

通常，阳台上的最佳生长空间就是位于阳台上方的空间。悬挂吊篮是一种利用阳台的特殊方法，可以形成不错的视觉效果，也可以用来装一些多余的香草、蔬菜或者水果。

吊篮有许多不同的设计风格，包括可以储水的塑料吊篮、柳条吊篮、线框吊篮等。无论选择哪种风格，你都必须确保吊篮的尺寸足够容纳要种的植物。

吊篮内部的衬层十分重要。请记住，你即将在自己的头顶上种植植物。你最不想遇到的尴尬事应该就是早上当你惬意地享用着咖啡时，却被淋了一身的土和水。

没有什么比早上走上阳台，从头顶的吊篮里摘下草莓更惬意了。

常用的吊篮衬垫包括：

泥炭苔藓——一种厚厚的惰性衬垫，看起来很棒，但使用起来会有些麻烦。

椰壳纤维——通常是预装在吊篮里的，你可以在当地的苗圃基地或大型商店买到。保水效果良好，但长时间使用后会显得有些蓬乱。

粗麻布——价格低廉，可以裁成符合现有容器的尺寸。保水性比泥炭苔藓和椰壳纤维差很多。

当然，也有一些植物不适合在吊篮中生长。任何会疯长或需要大量维护工作的作物（例如块根作物）都不适合种在吊篮里。你一定不想一直拉着吊篮来照顾作物，所以请尽量选择低维护的作物。

使用吊篮种植时应注意，不同作物成熟的速度也不同，所以应试着把作物分类，将生长速度相似的作物放在一起种植，以便于收获和照料。

草莓是我最喜欢的阳台吊篮植物之一。不仅因为苗圃里就有现成的草莓吊篮出售，而且它们在悬挂的容器里生长得非常好。想象一下，早上拿着一碗燕麦粥走到阳台上，伸手从头顶上方的吊篮里摘下几颗新鲜的草莓放在碗里，没有什么比这个过程更令人愉悦了。

让阳台园艺易于养护

阳台园艺之所以吸引人，是因为入门简便，按照以下几点去做你会更加轻松。

用幼苗代替种子

如果从当地苗圃购买幼苗，然后直接进行移植，那么你在阳台园艺的起步阶段会更轻松。当然，如果你想锻炼一下自己的园艺技能，从播种开始也是一个有趣的选择。但是，如果你是一名园艺新手，并且希望快速看到成果，我强烈建议你从购买幼苗开始。

更大的容器 = 更好

阳台园艺最大的局限性在于，作物都生长在容器中。而容器里的土壤量是有限的，很容易干涸。尤其是使用陶罐作为花盆时，问题会更明显。因此，为了给植物提供更均匀的水分，请在适用的容器中尽量选择最大的。增加的容器体积能容纳更多的土壤，从而保持住更多水分，并且使水分蒸发得更慢。

自吸水容器

比选择大容器更重要的是选择能自吸水的大容器。这些容器的底部有一个储水的腔室，能为植物根部提供稳定的水源。你可以在大多数苗圃或大卖场中找到大型的自吸水容器，或者你也可以根据本书的指导来自己动手制作。这些花费很值得，能够节省为植物浇水的时间。

根部覆盖物

砾石和碎树皮都是很好的根部覆盖物，它们可以防止阳光进入土壤，这样可以保持植物根系凉爽，保持更多的水分。尤其对于生长在长而浅的容器中的植物而言，根部覆盖物非常有用。

保水颗粒

如果你觉得保持土壤湿润难度很大，可以尝试在盆栽混合土中加入一些保水颗粒。这些聚合物能膨胀到原来大小的好几倍，并能保持大量水分。

尽管如此，我仍有必要提醒大家，这些颗粒大部分是由聚丙烯酰胺制成的，随着时间的推移，它们最终会被分解，保水效力会降低。有研究表明，它们不仅不会对植物健康产生积极作用，有时还会影响植物健康。

更不用说多年后降解的聚丙烯酰胺的潜在危害了。因此，我的建议是不断练习好的园艺技巧，如根部覆盖、观察土壤，以及把浇水作为日常生活的一部分，而不是寄希望于快速解决问题。

适合阳台园艺的作物

阳台园艺唯一真正的要求是，你不能种植任何绝对会占用空间的作物。例如，蔓生的南瓜就不是好选择。

虽然，在阳台上种南瓜也不是完全没有可能，但是的确有些作物更适合于阳台园艺，如下表所示。

特别是当你种植像番茄这样需水量大的作物时，请尽量选择阳台上能容纳、能管理的最大的容器。

植物	品种
香草	罗勒、鼠尾草、百里香、牛至等
绿叶蔬菜	散叶莴苣、菠菜、羽衣甘蓝等
大蒜	“洋蓟”“银皮”
番茄	“露台公主”“阳台”
生菜	绿色橡叶生菜、“辛普森黑籽”
辣椒	“卡米洛特”
茄子	“童话”“班比诺”
瑞士莙荙菜	“大黄”“彩虹”
豆子	“蓝色湖泊”（架菜豆）、“紫皇后”（矮菜豆）
黄瓜	“天行者 80”
草莓	“奥索卡美人”“西斯卡佩”

凌乱的盆栽聚在一起，有时反而会构成美妙而富有生机的独特美景。

屋顶园艺

如果你足够幸运，拥有一个屋顶平台，那么全世界所有的城市园艺类型都可供你选择。

为什么选择屋顶?

屋顶园艺除了具有城市园艺的显著优点外，还能收获令人震惊的环境效益。屋顶绿化有助于吸收积水，有效降低城市下水道系统的压力。你可能认为这没有什么大不了的，但是大多数城市都被无孔隙的混凝土覆盖着，水不会直接渗入地下，而是通过地表径流进入下水道，这会增加城市水处理系统的工作压力。

另一个重要的好处是能够减轻城市的热岛效应。热岛效应是城市中的一种常见现象，即城市建成区的温度往往要比农村、欠发达地区高得多。白天的温差可能在1~3℃，这听起来并不大。但到了晚上，由于路面、屋顶和混凝土会释放出储存的热量，这种温差可能高达12℃。

把植物引入屋顶，不仅能将绿色带回城市，还有利于一些有益于绿色植物的昆虫、蜜蜂和鸟类的回归，能够在离地面数层楼高的地方创造出一个真正的天然绿洲。

你的屋顶适合进行屋顶园艺活动吗?

不幸的是，并不是所有的屋顶都适合进行屋顶园艺活动。首先，业主委员会、当地法规或房东（如果你是租客的话）可能不太热衷于这种项目。在你着手搭建屋顶园艺之前，有一些因素需要考虑。

建造屋顶时通常不会将建造花园考虑在内，所以请一定要对屋顶进行检查。

微气候

我们已经在“如何知道种植什么……以及何时种植”这一章节中确认了你所处的植物耐寒区（详见 p.28）。正如前面所述，你所在区域的气候受当地地理环境和种植空间特定条件的影响，对于屋顶来说更是如此。屋顶经常暴露在大量的阳光、风和比地面更高的温度下。

对于屋顶，你最需要考虑的因素之一就是每天的阴影走向。如果屋顶有半天时间都处在大型高层建筑物的阴影之下，那么一定会严重影响植物的生长。因此，请仔细查看周围的建筑物、树木、墙壁和构筑物等。最好在早上、下午和晚上分别进行检查，以观察阴影是如何移动的。这似乎有些麻烦，但是这项前期工作可以帮你在下个种植季免去许多烦恼。

与阴影相反，热点指的是屋顶上的非自然受热区域。由于建筑材料有散热性或邻近建筑的反射，投射到这些区域的光线比预期要多。当你在调查屋顶阴影变化的时候，也要关注热点的分布。

不管你认为自己的屋顶有多平，它都会有一个小坡度。与阳台类似，屋顶需要向一定的方向排水。随着时间的推移，屋顶也会形成“水池”，雨水会积聚在这里。下一次你所在地区下雨时要注意观察这些情况。

最后，你还要考虑风的影响。由于位置更高，屋顶上的风也比阳台上的风强很多。屋顶位置越高，风就越大。建议你在屋顶上多坐一会儿，感受一下风的强度，尤其是在暴雨期间。风向和风力会帮你决定如何为屋顶上种植的植物提供支撑。

高密度的植物被整齐地栽种在种植床上——全部位于屋顶上。

屋顶结构

一般而言，屋顶是用来保护居民免受风雨侵袭的，而不是用来放置成桶的土豆、番茄或黄瓜的。因此，你需要检查屋顶的承重能力，看看它是否可以在结构上支持你的种植计划。

如果屋顶上有平台或其他可供人们使用的结构，那么说明该屋顶有一定的承重能力，能够为屋顶园艺提供良好的基础。但是，如果你计划在屋顶上建造一些又大又重的种植床，那么最好还是去咨询一下建筑结构工程师吧。这个要求似乎有些过分，但你一定不想在种植过程中遭遇屋顶坍塌。

建筑结构工程师可以检查建筑图纸和建筑物本身，并为你提供屋顶的恒荷载（屋顶本身和所有永久性固定装置的重量）和活荷载（人、种植床、花盆、雨水桶等增加的额外重量）数据。你可以根据这些数据来确定屋顶园艺的实施方案。

建筑规范简介

虽然适用于你的特定建筑的建筑规范不一定在别处也适用，但仍有一些通用的规范需要了解：

出入口——出入口是屋顶的入口和出口。大多数城市要求以一定的方式来建造屋顶出入口，同时也要求出入口与屋顶园艺空间保持一定距离。

禁建区——通常不能在建筑物的边缘建造构筑物。如果你住在一栋有业主委员会的公寓大楼里，业主委员会往往会对从街道的视角看到的屋顶及栏杆景观做出要求。为了避免此类困扰，最好按照要求进行检查。

带有垂直格架的大型种植箱可以种植蔓生蔬菜。*资料来源：Jeannie Phan of Studio Plants*

布置你的屋顶园艺空间

布置屋顶园艺空间时，应该拿出笔和纸来画画草图。这样可以从俯视的角度来审视园艺空间，帮助你弄清楚该种什么，以及种在什么位置。

在布置屋顶园艺空间时，由于屋顶面临一些独特的挑战，因此俯视图至关重要。因此，必须考虑屋顶的结构和障碍物，并决定你将使用哪些方法来种植作物。

在这个屋顶上大量使用滴灌来完成浇水工作。

浇水

除了以上提到的，你还需要考虑如何把水送到屋顶。大多数屋顶都没有内置的灌溉系统，你可以选择以下几种不同的浇水方式。

人工浇水

这是大多数园丁的最佳选择。不管是用软管还是浇水壶，人工浇水至少能让你每天到屋顶走一趟，观察和照料你的作物。你也会了解每种作物在其整个生命过程中的细微差别，并在此过程中提升园艺技能。

滴灌

滴灌因其操作简单和自动化成为我个人的最爱，但是如果你不习惯每天都花时间待在屋顶，采用滴灌可能会导致屋顶上种植的作物遭到冷落。第一次设置滴灌是一个学习的过程，所以我建议选择一套符合你全部需求的预装工具包。

雨水浇灌

如果你生活在一个雨水充沛的地区，则可以设置雨水桶，直接利用收集的雨水进行灌溉。首先，查询一下你所在地区是否允许收集雨水；其次，检查收集的雨水中是否混有来自屋顶的有害化合物。

▶

这种设计是一种自由式的布局，摆放了许多单独的花盆，通常需要人工浇水——每个美妙早晨的例行程序。*图片来源：Jeannie Phan of Studio Plants.*。

7

水培园艺

水培法是一种只使用水、养分和生长介质来种植植物的方法。“水培”（*hydroponics*）一词来源于两个词根：“*hydro*”意思是水；“*ponos*”意思是劳动。简而言之，水培法是一种所有工作都由水来完成的种植方法。

这听起来充满了高科技和未来主义，对吧？你可能会很惊讶，其实水培法最早的例子可以追溯至古巴比伦的空中花园和中国的水上花园。人类使用这些技术已经有几千年的历史了。

水培的发展历史

现代最早提到水培法的是一位名叫威廉·弗雷德里克·格里克的人。他在加州大学伯克利分校工作时，便开始推广这种种植理念，即植物可以在有营养的溶液中生长，从而代替在土壤中生长。

当然，普通大众以及格里克的同事们都对这种说法表示怀疑。但格里克很快用事实证明他们错了，他只用水和养分就种出了 7.6m 高的番茄藤。

于是，他决定将这种种植方法称为水培法。格里克通过种植番茄得出的惊人的实验结果促进了水培领域的进一步发展。加州大学的科学家在此基础上进行了很多研究，他们发现了无土栽培的许多好处。

为什么使用水培系统?

与土壤种植相比，水培法最大的优势之一在于保持水分。当植物在土壤中生长时，总有一些水会被蒸发掉，或者根本无法被植物的根系吸收。最重要的是，如果你给植物浇了太多的水，它的根系将不能获得足够的氧气。而浇水太少，它很快就会枯死。

水培法通过几种不同的方式解决了这个浇水难题。

1. 供氧。通过源源不断地向储水箱中充氧可以确保植物根部获得最佳的氧气水平。植物根系的周围不再有阻碍氧气吸收的土壤。

2. 耗水量更少。因为水可以被循环利用，所以水培法比在土壤中种植的耗水量要少得多。在传统园艺中，水浇在地上，然后渗入土壤中。实际上，只有一小部分水真正被植物吸收了。虽然你可以通过使用滴灌系统或覆盖物来缓解这一问题，但总会有水流失。而水培法可以将未使用过的水回收到系统的蓄水池中，以备将来使用。如果你生活在一个炎热干燥的地区，水培法优势明显。

3. 总体控制。水培法的另一个好处是可以增强对环境的控制力。当你在露天环境种植作物时，会受到各种自然环境的影响。一不小心，糟糕的天气就会把你的作物彻底毁掉。而且这还不包括病虫害等问题。

有了水培法，与病虫害作斗争就容易多了。因为在大多数情况下，种植环境是可移动的，空间利用率高，并且高于地面。这使得虫子很难接触到你的作物。其他与土壤相关的病害在水培中也很少见。最后一点，你可以通过室内生长灯、风扇和通风设备来控制种植微气候。

水培的基本原则

在我介绍不同类型的水培系统，并向你展示如何建立自己的水培系统之前，了解一些基本原则非常重要。使用水培法比在土壤中种植具有更强的科学性，所以在我开始介绍水培DIY系统构建之前，非常有必要先弄清一些关键原则。

水的重要性

除了水的一般功能外，在水培系统中，水还充当着围绕植物根系的“容器”。正因为如此，我们必须更深入地了解这个世界上最珍贵的资源背后的一些细节。

电导率（EC）、溶解性总固体量（TDS）和百万分比浓度（PPM）

我知道这些专业词汇会令人望而生畏，但是它们的确非常重要。水培系统中的“水”除了要有合适的pH，其中的营养物质含量也要适合植物生长。

如果营养物质含量过少，会导致植物缺乏营养，最终缓慢死亡；如果营养物质含量过多，也会导致植物因无法吸收营养而出现黄叶、枯叶等现象，从而面临“烧苗”的危险。

那么，我们究竟应该如何测量水中营养物质的含量呢？这里我们便会接触到EC、TDS和PPM等专业词汇。这些概念容易混淆，我会尽可能简单地为你一一阐释。

EC

用EC来衡量水培系统的营养水平似乎有些奇怪，但仔细想想就会发现它是有意义的。纯水不导电，但当我们添加了营养物质（也称为矿物离子）之后，水的导电性就会越来越强。EC是一个衡量营养液导电性的指标，用于估算水中添加了多少营养物。

TDS和PPM

顾名思义，TDS是指所测量的营养液中溶解固体的总量。这听起来像是一种测量溶液中营养成分的更合理的方法，对吧？

其实TDS测量仪上的数值实际上反映的是EC，然后把数值转换成PPM。PPM能直观地表示出营养液中有多少不是水。例如，PPM为800意味着1 000 000份溶液中的800份不是水。

这并不太复杂，但因为有多种转换因子存在，所以仅仅因测试仪间使用的转换因子不同，就可能会导致你得到完全不同的PPM数值。

为了避免数据误差，我建议你购买既能显示EC又能显示TDS和PPM的测试仪。这样可以得到营养浓度的“纯”数值，然后便于开展下面的工作。

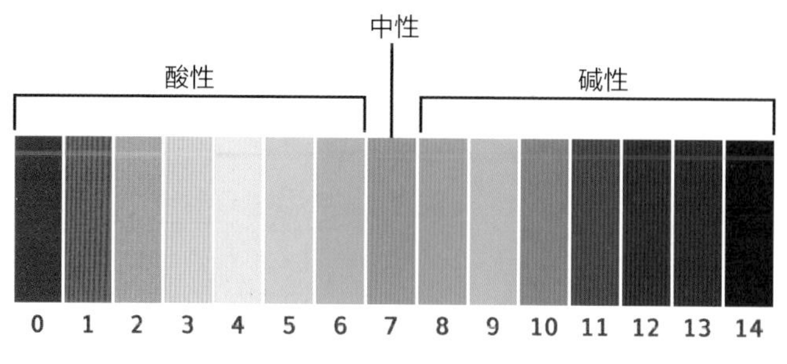

水培法的最佳pH为5.5～6.5。

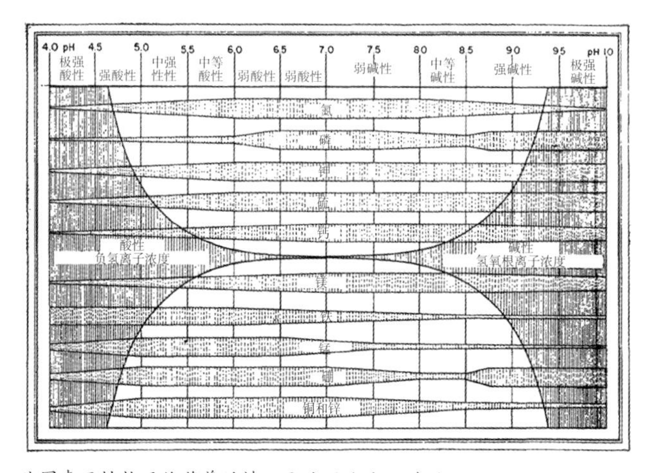

此图表示植物吸收营养的情况取决于水或土壤的pH。

pH

你可能还记得高中化学课上的pH。它表示溶液（或土壤）的酸碱度。它的测量范围为1～14。pH为1的溶液被认为是极酸性溶液，pH为14的溶液被认为是极碱性溶液。这和水有什么关系呢？纯水的pH是7.0，也就是pH呈中性。

大多数植物生长的最佳pH范围为5.5～6.5。pH保持在这个范围内有很多好处。首先，对于许多可能会轻易占领水培系统的水生藻类物种来说，弱酸性是不利于它们生活的环境。其次，水的pH必须在一定范围内，以避免所谓的营养素锁定，也就是植物无法吸收供它们生存和茁壮成长所需的营养。

如果不了解基本的pH知识，可能会给水培系统带来灾难。因为在水培系统中放弃了使用土壤，所以时刻关注营养液的pH至关重要。

营养素锁定

pH过高或过低都会使植物根系完全丧失吸收养分的能力。营养均衡的营养液不仅要包含各种适当浓度的营养成分，溶液本身也必须在正确酸碱度范围内。只有这样，你才能拥有真正均衡的营养液。

左下图列出了植物蓬勃生长所需的最基础的营养物质。随着pH的变化，这张图上还显示了这些营养物质的可利用性。每条营养线的厚度/薄度表示植物在特定pH水平上吸收特定营养物质的能力。

正如你所见，几乎每一种营养物质在pH极低或极高时都难以被吸收，太偏离酸碱平衡会阻碍植物的生长。比如pH为5.0时，植物很难吸收多种营养物质。这就是为什么我们要维持pH的平衡——一个小小的错误就会伤害到植物。虽然不同的植物对生长环境的pH有不同的要求，但人们通常认为“最佳pH”应该在6.2左右。

大多数营养液都带有pH缓冲液。这些缓冲液可以将营养液的pH保持在5.5～6.5，对园丁来说非常方便。然而，这并不意味着你可以完全忘记监测pH。当植物生长时，pH会随着植物对水分和营养的吸收而产生自然波动。

pH 检测

为了确保 pH 始终在正确的范围内，需要使用一个简单的 pH 测量仪。我推荐以下几种类型，按成本从低到高排序分别为：

- pH 试纸条
- 带溶液的 pH 试剂盒
- 数字 pH 测量计

如果你购买的是 pH 试纸条或带溶液的 pH 试剂盒，可以通过对照参考图表来检查试纸或溶液的颜色，进而得出 pH。通常，橙色或橙红色表明 pH 在 5.5 ~ 6.5 的理想范围内。对于初学者，我推荐使用 pH 试纸条或带溶液的 pH 试剂盒。

如果你购买的是数字 pH 测量计，那么工作将变得更加容易。pH 测量计能够准确显示 1.0 ~ 14.0 的 pH 读数。只要你使用得当，并时常校准，它可以持续使用多年。

pH试纸条很便宜，但如果你（像我一样）是部分色盲，使用试纸可能会遇到一些问题。

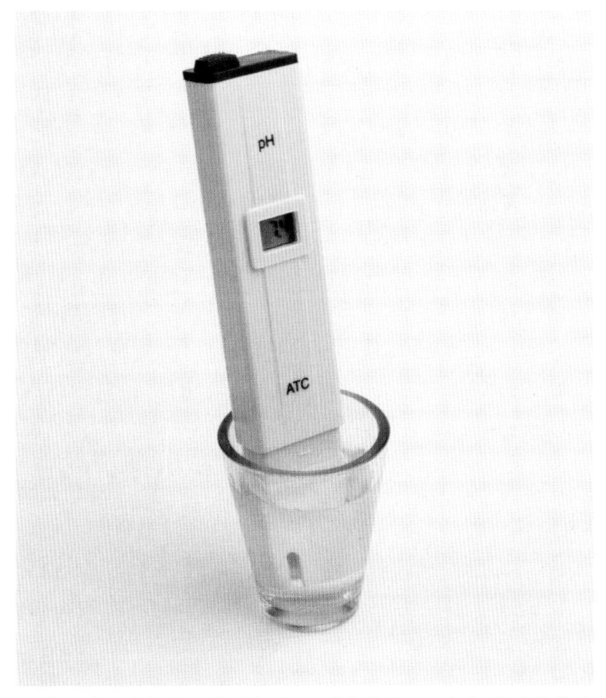

只要经过正确校准，使用数字pH测量计就可以轻松监测营养液的情况。

水培营养

营养物质是水培系统的基石。因为植物生长在水里而不是在土壤中，所以需要我们自己动手向水培系统中添加所有的常量元素和微量元素。

首先，要考虑的是营养成分。水培系统中含有植物所需的所有营养元素吗？这些营养元素的比例正确吗？其次，对于你正在种植的植物来说，还要考虑营养液的电导率，以及它正处于其生命周期的哪一阶段。

一份完整的水培营养素清单应包含以下营养元素：

- 氮（N）
- 磷（P）
- 钾（K）
- 钙（Ca）
- 镁（Mg）
- 硫（S）
- 铁（Fe）
- 锰（Mn）
- 铜（Cu）
- 锌（Zn）
- 钼（Mo）
- 硼（B）
- 氯（Cl）

不同公司生产的营养素在配比上会有所差异。大多数公司还为特定植物或生长阶段生产出特殊的营养素。例如，水培营养素一般是由3部分组成的系列营养素，分别为：

- 生长营养素——增加氮以促进植物生长
- 花果营养素——磷和钾的含量更高，有助于开花和结果
- 微量营养素——保证植物获得足够的必需微量元素

我推荐使用如通用水培这种品牌的简单液体营养素。虽然也可以使用干燥的固体营养素，但是对于初学者来说混合的过程会更复杂，不易操作。在你达到园艺专家水平之前，液体营养素完全可以保证植物的健康生长。

如何配制营养液

现在你已经了解了水和营养素在水培环境中是如何相互作用的，下面我们来学习如何将这两种成分融合在一起，形成完美的营养液。这一步非常关键，它是你在水培系统中成功种植的基础。

首先，把纯净水倒入一个水盆中。记下水量，并用电导率仪测量水中的TDS。如果低于百万分之200，表明水质良好。如果高于百万分之200，你可能需要使用硬水配方的水培营养素。

配制营养液需要准备的东西：pH升高调节剂、pH降低调节剂、水培营养液、数字pH测量计和水。

先加入微量营养素，搅拌均匀，避免营养素从溶液中滴出来。

如果你使用的是我们上文中提到的由3部分组成的营养素，那么一定要注意添加顺序。首先加入微量营养素，然后加入生长营养素，最后添加花果营养素。每次将营养素倒入量杯之前，需先将营养素摇匀，并阅读包装背后的说明，按照推荐剂量进行添加。在添加每种营养素之后请清洗量杯。

让溶液混合几分钟，然后检测pH。如果pH过高或过低，则需要添加pH调节剂。将pH调节剂倒入少量水中进行稀释，然后将其添加到营养液中。

将通用水培品牌的微量营养素添加到水中。

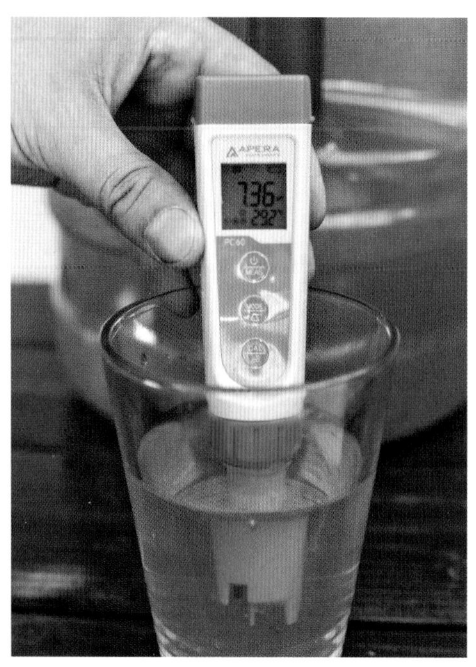

在加入所有营养素后，未调整pH，此时溶液pH为7.36，偏高。

加入pH降低调节剂后，溶液pH为6.32，这是大多数植物生长最理想的酸碱度范围。

小贴士：什么是pH升高调节剂和pH降低调节剂?

一些产品可以提高或降低营养液的pH。例如，pH降低调节剂通常是食品级磷酸，一些园丁也会使用柠檬汁；pH升高调节剂通常是氢氧化钾和碳酸钾，如果你没有相关产品，也可以使用小苏打。

让溶液混合10～15min，然后再进行检测，直到营养液达到正确的pH（大约在6.2）。

随着时间的推移，你会对水和营养素越来越熟悉，到时候便会确切地知道如何调整营养液。如果你想让下次的过程更简单，那就多做些笔记吧。

水培介质

虽然水培是无土栽培，但这并不意味着你完全不需要任何植物支撑物。虽然水培的大部分工作都是通过营养液和光照来完成的，但使用培养介质具有以下优点：

- 为植物的根部提供支撑，尤其是在脆弱的幼苗阶段
- 保持营养、水和空气，以支持植物根系

以下是几种最常见的水培介质及其优点。不要被这些选择所束缚，请选择在你所在地区可以找到的，并且容易获得的水培介质。

椰糠是我在水培系统中最喜欢使用的产品之一。

可无限重复使用的陶粒成本较高，但经得起时间的考验。

椰糠 / 可可泥炭

椰糠正快速成为水培园丁们的最爱。它由磨碎的椰子壳制成，代表了水培介质可持续性方面的巨大飞跃。

为了理解为什么碎椰子壳变得如此受欢迎，让我们先来看看椰壳对椰子的作用。椰子生长在热带地区，当椰子成熟时，它们常常掉到海里。椰壳能保护种子和果肉免受阳光和盐的伤害。最重要的是，椰壳是椰子萌发并长成新椰子树的重要生长介质。

现在我们把这些好处应用到了水培上。椰壳是一种富含激素、无真菌的培养介质，有很好的气水比，所以你不必担心植物根系被淹。最棒的是，它是完全可再生的。如果椰壳不用于水培，通常就会被丢弃掉或制作堆肥。

如果你所在的地区找不到椰糠，我建议你可以通过网络购买脱水和压缩的椰糠砖，这样更经济实惠。

陶粒（膨胀黏土球）

膨胀黏土球，又称为陶粒，是最受欢迎的培养介质之一。正如名字所示，它们是由加热的黏土制成的，直到膨胀成多孔的球状。这些膨胀黏土球是惰性的，pH 呈中性。此外，它们的球状外形和多孔性有助于确保氧气和水的平衡，这样植物根系就不会枯死或淹死。

根据我的经验，使用陶粒仅有两个缺点，重量和排水能力。在某些水培系统中，全部用陶粒来填充将会使整个系统非常重。由于每个陶粒之间存在很多空间，因此排水速度会很快。当然，如果在底部放上托盘，就可以很好地解决陶粒排水过快的问题。

首次购买和使用陶粒时，请确保将其多冲洗几次。运输过程中陶粒会相互摩擦而产生黏土屑，如果不清理干净，可能会造成水培系统堵塞。

使用珍珠岩时要小心。请戴上口罩，避免吸入颗粒物。

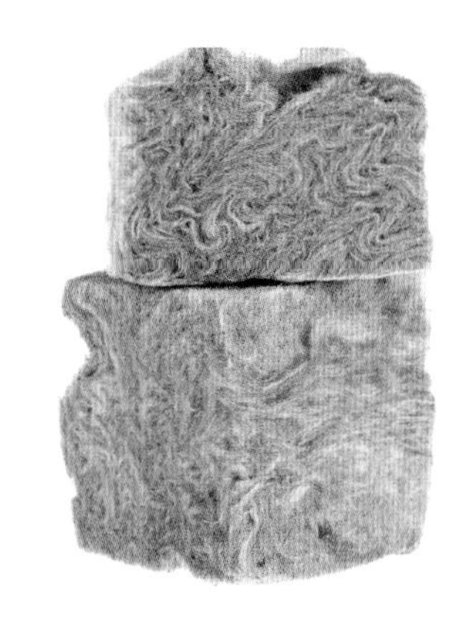
岩棉是大规模水培食材栽培的主要原料。

用可生物降解型黏合剂黏合起来的育苗塞能使水培工作变得更加容易。

珍珠岩

你可能在前面的章节中见到过“珍珠岩”这个词，它在土壤园艺中也很流行。珍珠岩是通过将火山玻璃质岩石加热到“膨胀”，形成的一种极其轻而多孔的材料。由于其多孔性，它是所有生长介质中保氧水平最佳的一种。

珍珠岩并不适合单独使用，因为它很轻，可以被四处移动、被冲走或者只是浮在水面上。园丁通常会将珍珠岩与椰糠或蛭石混合使用。

岩棉

岩棉已经存在几十年了，在水培界很有名。它是通过熔化岩石以超高速旋转成的极细极长的纤维制成的，类似于玻璃纤维。这些纤维可以被压制成各种不同尺寸的立方体。

岩棉具有大多数生长介质的所有优点——重量轻、吸水性好、价格便宜。它经常被用于在水培系统中帮助种子发芽。

然而，岩棉也有一些缺点。它不容易处理，那些熔化的岩石纤维基本上将永久存在。此外，岩棉的 pH 通常过高，需要浸泡在 pH 调整液中一段时间后再使用。此外，在旋转纺丝和压制过程中产生的纤维和灰尘，还可能对眼睛、鼻子和肺部有害（从包装中取出岩棉后，应立即将其浸泡在水中，以防止灰尘扩散）。

由于这些缺点，岩棉正迅速地被以泥炭或椰糠为基础的育苗塞所取代，这些育苗塞成为水培系统中种子发芽的可靠介质。

育苗塞

现在，出现了一种新的、具有创新性的水培介质，我称之为“育苗塞”。这些育苗塞以泥炭、椰糠或堆肥为基础材料，通过可生物降解型黏合剂将材料黏合在一起。

如果你关心种植的可持续性和有机性，育苗塞是开始播种以及组建水培系统的一种好方式。我将它们广泛地应用于幼苗培育和插条中。它们是启动大量种植最简便的方式。

你所要做的就是把它们放在育苗盘里，然后播种，并为种子提供合适的发芽环境。幼根将直接向下生长，朝向托盘底部的开口。这样有助于移植到任何类型的水培系统中，如果根从侧面长出来的话，就不太方便进行移植了。

如果找不到珍珠岩，可以用浮石代替。

对于真正精打细算的城市园丁来说，沙子几乎随处可见。

宠物店以低廉的价格出售的水族馆砾石，是一种极好的水培介质。

浮石

浮石的优缺点与珍珠岩最为相似。它是一种轻量的矿物，被碾碎后可用作植物根系生长的支撑结构。浮石通常非常便宜，对于新手水培园丁来说，性价比很高。

沙子

沙子是地球上最丰富的生长介质之一。它们非常便宜，甚至可以免费获得，如果你的资金不足，使用沙子也是个不错的选择。但是，它相当重，必须经常消毒，而且保水性差。沙子大约是最古老的水培介质了，它不含任何水分或养分。

由于这些缺点，我建议尽量不要选择沙子作为介质，或者至少将其与另一种生长介质相混合，以平衡其弱点。

砾石

砾石与大多数水族馆使用的材料相同，只要在两次使用之间进行清洗，砾石便是很好的生长介质。它相对便宜而且容易清洁。如果你预算不太多，这也是一种可以 DIY 的很好的生长介质。

但需要注意的一点是，如果砾石与水接触，有可能会导致 pH 发生变化。

人工照明

我认为在水培系统中最值得购买的设备是植物生长灯。没有它们，其他设备便形同虚设。

大多数人认为，只有在一些特定情况下才会使用到植物生长灯，但是其实它们在各种园艺中用途均十分广泛。使用植物生长灯最常见的原因如下：

- 在水培系统中为植物生长的全过程提供光照
- 开始播种，为生长季节做准备
- 天气变化后，将室外植物移入室内，延长生长季节
- 扦插繁殖
- 种植收获期短的植物，例如幼嫩蔬菜、香草和微型蔬菜

由于植物生长灯适用于许多不同的情境，所以在购买、使用和保养时，有很多方面需要考虑。

在进行下一步之前，我们应该了解一些关于光的基本概念。请记住，在人工照明下种植时，我们是在模仿太阳。因此，我们必须了解一些关于光的科学知识。

光谱

所有可见光和不可见光，都落在光谱的某个位置上。这个光谱以纳米（nm）来测量，纳米是光的波长单位。作为园丁，我们所关心的光谱特定波长范围是400~735nm，也被称为光合有效辐射，简称PAR。

顾名思义，PAR是指植物实际可用于与光合作用有关的所有过程的光的波长。在此范围内，不同分段用于植物生长的不同特定用途：

- 400~490nm——这种“蓝色”的光主要用于植物的生长阶段
- 580~735nm——这种“橘红色”的光主要用于植物的开花和结果阶段

可见光和不可见光

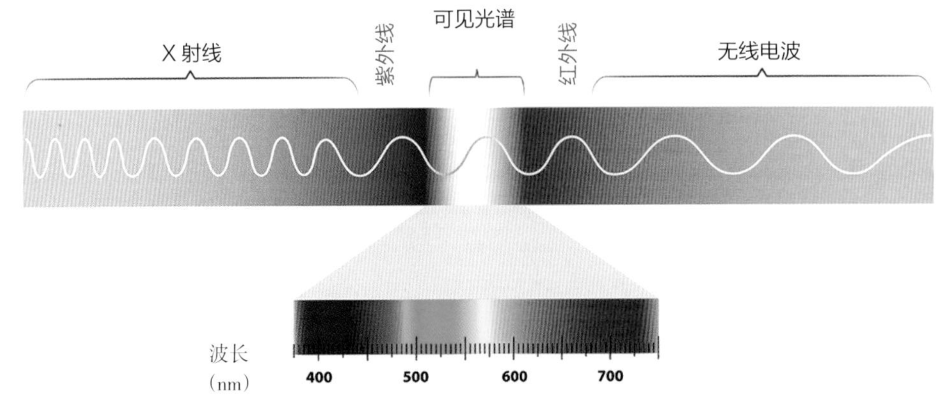

全光谱

你可能会想："那么490～580nm之间的空白呢？为什么植物不使用这个范围的光呢？"没错！这部分光的确也会被利用。过去人们普遍认为植物呈现出绿色，是因为它们不吸收绿色光谱中的光。现在，人们不再这样想了，因为大多数科学家已经认同绿光在光合作用中也是有用的。但植物使用的绿光仍然少于蓝光和红光。

光量

现在我们已经知道了植物生长、开花和结果所需的"光"的类型（PAR），下面我们需要弄清楚它们需要多少光。这里有一些缩略词需要理解。

- PPF（光合光子通量）——一个光源每秒辐射出的光子量
- PPFD（光合光子通量密度）——在特定距离下，每平方米每秒光源辐射出的光子量
- DLI（日累积光量）——一株特定植物在24h内需要累积的光量

所有这些都会受到光的类型、光的强度以及光源远近的影响。

足迹（光的覆盖面积）

植物生长灯的足迹是指灯光所覆盖的表面积。它是生长灯和植物之间距离的函数。

植物生长灯离植物越远，光照足迹就越大，但照射到植物的光子密度就越低。反之，如果你把生长灯放在离植物更近的地方，情况就会恰恰相反。正确放置生长灯才能使热量输出、光量和光的总覆盖面积达到微妙的平衡。这需要在实践中不断练习。

光周期

与室外种植不同，室内种植不受阳光的限制，所以只要你愿意，甚至可以把植物放在光照下24h。然而，这并不是个好主意，因为大多数植物的生长过程都需要黑暗作为触发。常见的室内种植照明时间可按以下安排：

- 16/8——植物每天接受光照16h，这一时间安排非常适合植物的生长阶段，在这个阶段植物会不断生长并长出新叶
- 12/12——植物每天接受光照12h，这一时间安排非常适合植物的开花和结果阶段

植物生长灯的种类

现在我们已经了解了光的基本属性，接下来让我们再来了解一下市场上各种不同类型的植物生长灯。由于涉及很多不同的技术，并且可能会受到照明制造商的误导，所以这部分内容可能会令许多园丁产生困惑。

希望通过对不同类型生长灯的介绍能对你有所启发，进而帮助你做出明智的选择。

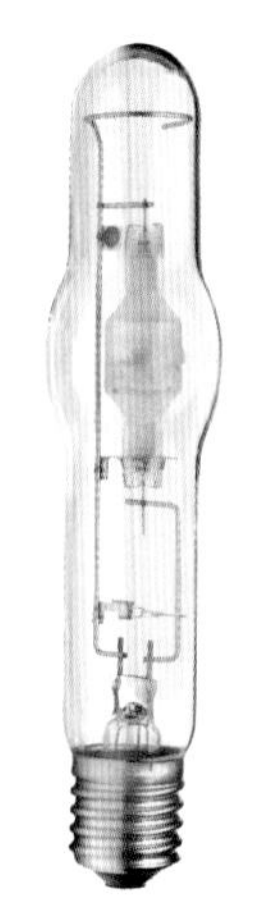

价格便宜但能量密集的金属卤素灯非常适合用在植物的生长阶段。

高压钠灯悬挂在水培黄瓜温室里。

金属卤素灯（MH）

在植物生命周期的生长阶段，金属卤素灯很受欢迎。这是因为它们在光谱的蓝色范围内发出的光更多。植物在生长阶段使用的蓝光要比红光多得多。

高压钠灯（HPS）

高压钠灯在植物的整个生命周期内都会用到，但在开花或结果期应用得最广泛。它们能发出大量的红光和橙光，这些光在植物生命的最后阶段被大量吸收利用。

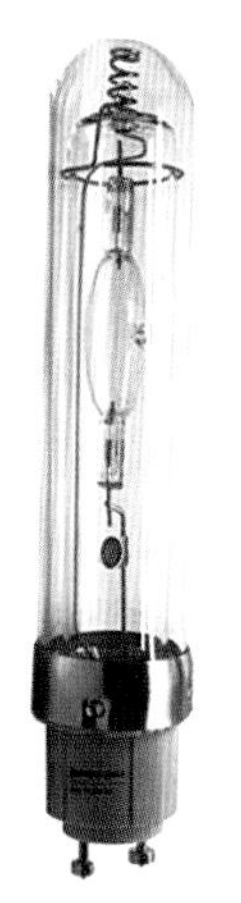

陶瓷金属卤素灯能在一盏灯中提供最广泛的光谱输出。

高强度的T5荧光灯能帮助幼苗迈出生命的第一步。

陶瓷金属卤素灯（CMH）

陶瓷金属卤素灯是市场上最令人兴奋的产品之一。尽管它们听起来与传统金属卤素灯很像，但实际上它们的工作方式大相径庭。

如今，由于光谱输出平衡，园丁们纷纷改换为陶瓷金属卤素灯。这种灯很好地混合了蓝光、橙光和红光，因而成为园丁们绝佳的“全方位”选择。

目前，一些知名厂商生产的陶瓷金属卤素灯主要分为315W和630W两种型号。315W系列通常用来替代400W的高压钠灯或金属卤素灯，因此，你不仅可以节省能源，而且可以获得更好的整体光谱输出。

荧光灯

荧光灯主要应用在植物生命周期的开始阶段。许多业余人士将它们应用在播种、根插和植物生长的早中期。

从能源的角度来看，它们是非常高效的，不会产生大量热量，而且大小很适合水培系统。

虽然你可以自己挑选不同的单个紧凑型荧光灯(CFL)来设置照明系统，但目前标准的做法是使用一组不同大小的T5荧光灯管。T8和T12灯泡仍可使用，但它们的效率低得多，已经不再受欢迎了。

在购买T5荧光灯时，你需要做两个决定：一是你想要多少个灯管？二是你希望固定装置有多长？在一个固定装置内的灯管数量一般为2～16个，固定装置的长度一般为0.6～1.2m。

高强度荧光灯

另外，还有两种荧光灯管——高输出荧光灯（HO）和超高输出荧光灯（VHO），它们使用相同的技术，能输出更多的光。

因为它们的功率更大，运行的温度也更高，所以必须将其放置在离植物冠层更远的地方，以防止植物灼伤或燃烧。

由于其高效率和低热输出，LED灯正在水培园艺界掀起风潮。

LED 灯

当 LED 灯首次进入市场时，遭遇到很多质疑。首先，制造商们宣称其有效性和效率都非常高，令人难以置信；其次，它们采用的是一种新的照明技术，传统园丁对此表示怀疑。

如今，LED 照明技术日趋成熟，在水培园艺界非常受欢迎。LED 灯有一些其他类型的灯无法比拟的独特优势。

首先，它们耗能量很低，发出的热量也很少。对于许多园丁来说，这一点很重要，因为他们不想花费大量资金用于维持光照，也没有足够的空间用于散热。LED 灯由许多小二极管组成，这意味着每个二极管都可以定制，以输出特定波长的光。最先进的 LED 灯是由园丁定制的，他们使用板上芯片以实现最大的光输出和可定制性。

选择合适的植物生长灯

现在你已经获得了许多有关植物生长灯的信息。下表对比了不同照明技术以及每种技术的特性，可以帮助你快速选择适合自己的光源。

灯	功率（W）	种植面积	热功率	作物高度
节能灯	125	0.6m × 0.6m	低	0.15 ~ 0.6m
0.6m，T5 紧凑型荧光灯，4 个灯泡	96	0.6m × 0.9m	低	0.15 ~ 0.6m
1.2m，T5 紧凑型荧光灯，4 个灯泡	216	0.75m × 1.5m	低	0.15 ~ 0.9m
高压钠灯	250	0.9m × 0.9m	中	0.6 ~ 0.9m
金属卤素灯	250	0.9m × 0.9m	中	0.6 ~ 0.9m
高压钠灯	400	1.5m × 1.5m	高	0.9 ~ 1.2m
金属卤素灯	400	1.5m × 1.5m	高	0.9 ~ 1.2m
陶瓷金属卤素灯	315	1.5m × 1.5m	高	0.9 ~ 1.2m
LED 灯	180	0.6m × 1.2m	低	0.45 ~ 0.6m

构建成功的水培系统

水培园艺的优点之一在于它的灵活性。如果你能想象出一个系统，就有机会设计并将它建造出来。同时，这也可能会令你感到无法入手。幸运的是，水培系统可以分为 5 种类型，现在我们就来一一介绍。

类型一：深水栽培系统

如果你是水培园艺的新手，那么像深水栽培这样的词听起来就像是直接从科幻电影里冒出来的一样。不必害怕——深水栽培系统是最简单的水培系统之一。

什么是深水栽培系统？

在深入了解一些烦琐的细节之前，我们应对这种系统有个总体认识。在深水栽培系统中，作物的根部悬浮在由水和养分组成的充氧溶液中。深水栽培系统包含 3 个关键部分：

氧气——由于根部浸没在水里而不是土壤（其孔隙里保有空气）中，因此需要在水中充入足够的氧气，以免作物被淹死。可以通过使用气泵和气石来完成。

水——可以将这个系统想象成一个在土壤中种植，却一直保有水分的系统。这也是水培园艺最大的益处，即你无须再为浇水而烦恼了。

养分——优质土壤里包含了植物生存和茁壮生长所需的所有微量及常量营养元素。由于我们不使用土壤，因此需要在富含氧气的水中加入营养物质，这样作物才能茁壮生长。

这种水培系统被称为深水栽培系统有两个原因。首先，通常要有一个栽培池，能容纳相当数量的水。更多的水意味着营养液更稳定，也意味着更少的监控和维护需求。其次，根在水里浸没的程度。其他的水培系统会将根区暴露在空气中，然后每天只在水中浸泡几次（潮汐式水培系统就是一个很好的例子）。而在深水栽培系统中，大部分作物的根系 24h 都被浸没在水中，因此得名。

深水栽培系统的优点

- 设置完成后维护费用较低
- 与土壤栽培相比，生长速度非常快（我的水培生菜 30 天就能收获，而在土壤

深水栽培系统

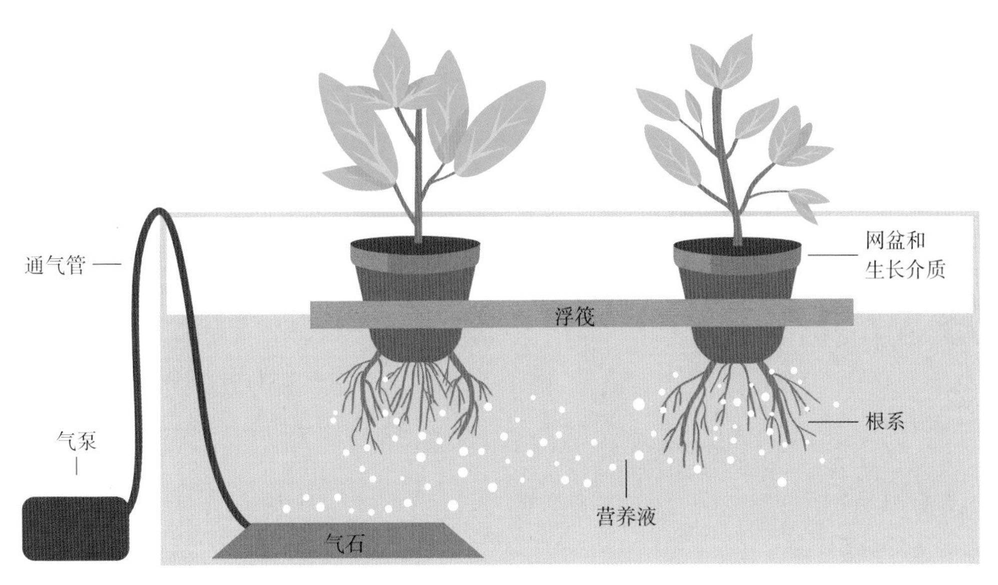

浮筏式深水栽培系统是最简单的水培系统之一。

中则需要 60 天）

- 只需很少的活动零件和组件

深水栽培系统的缺点

当然，深水栽培并非没有局限。这种系统也会存在一些问题。不过，只要你在维护时多多留意，大多问题可以避免。这些主要问题包括：

- 在小型系统中，pH、水位和养分浓度可能会剧烈波动
- 如果断电，根系很容易被淹死
- 很难保持水温一致

常见问答

深水栽培系统常见问题及回答

我应该选择独立种植池还是模块化种植系统?

如果你刚刚接触水培园艺，建议使用单独的种植池。你可以自己构建，也可以在市场上直接买一个。而模块化的深水栽培系统对经验丰富的园丁来说更好，因为他们非常明确地知道自己想要种植什么以及种植多少。刚开始可以从小规模做起，随着经验的积累，种植规模可以进一步扩大。

种植池需要无菌吗?

这不是一个简单的是或否的问题。一些园丁希望保持种植池无菌，这意味着不应有任何可能困扰水培园艺的生物污染物，比如藻类。但同时，它们也无法利用有益的细菌。如果你决定在种植池中添加有益细菌，那么就应该意识到，这样做一些有害细菌也会随之而来。

种植池的温度应该是多少?

这是深水栽培的缺点之一，即很难控制种植池的温度。我们的目标温度是不超过 20℃。如果温度再高些，水中的氧气浓度就会开始下降（即使使用气泵和气石进行充氧）。

同时，温度应尽量保持在 16℃以上。如果温度降低，植物就会认为它们正在进入一个新的秋季或冬季。这意味着它们将开始把更多的能量转移到开花上，而这不一定是你想要的结果。

植物根部应该浸没多深？

首先，确保只有根部被浸没在营养液中，不要有茎部或其他部分。我会在水面上方保留 2.5 ~ 3.8cm 的根。气石通常会冒出气泡，水会随之溅落在没有被浸没的根部，所以你不必担心它们会变干枯。

深水栽培系统中有什么特别需要注意的问题吗?

请时刻关注是否存在以下问题，这些问题在深水栽培系统中都很常见：

- 与根有关的植物病害，如腐霉
- pH 或 PPM/EC/TDS 的快速波动
- 营养液温度过高

深水栽培香草种植盒

这个设计能容纳 8 种作物，你可以按需要自行扩展，这里有足够的空间种植更多香草。你可以在众多香草中挑选出自己喜欢的 8 种类型，种在香草盒里。可供选择的香草很多，如罗勒、鼠尾草、牛至、百里香、欧芹、细香葱、龙蒿和香菜等，这些都是很受欢迎的香草品种。

你也可以种植其他任何你喜欢的作物，只要不是长得很高大的香草都可以。总体花费不多，因购物地点不同，花费会存在一些差异。

材料

- 15 夸脱的塑料托特盒
- 直径 5cm 定植篮（8 个或更多）
- 马克笔
- 电工胶带
- 喷漆
- 电钻
- ϕ 50mm 孔锯钻头
- ϕ 5mm 钻头
- DN3 通气管
- 气泵
- 吸盘
- 气石
- pH 检测试剂盒
- pH 升高调节剂或 pH 降低调节剂
- 水培营养素
- 生长介质
- 种子或幼苗

步骤

步骤一：首先，托特盒需要彻底清洗，确保表面光滑、干燥。

随后，拿起一个定植篮，使其顶部与托特盒顶部平齐。在托特盒的侧面、定植篮底部的位置上用马克笔做一个标记，这就是水位线。在标记处贴上一段电工胶带。

步骤二：如果你使用的托特盒是透明的，还需要进行表面喷漆，以避免藻类积聚在其中。拿出一些旧报纸或纸巾垫在托特盒下，确保顶部的盒盖扣紧。用喷漆粗略覆盖盒子顶部和侧面，除底部以外，所有的表面都覆盖上喷漆。

10min 后，给每一面再喷涂一遍，尽量确保不透光。然后干燥 45min。

干燥后，撕下电工胶带。现在就有了一个透明的水位线指示窗口，这样不用打开盒子，你就可以随时跟踪营养液的情况了。

步骤三：等油漆干后，拿起定植篮，将它们排列在盒盖上，确保它们的间距均匀。我打算在我的设计中留出空间来额外增加 6 个定植篮，所以如果你坚持使用 8 个定植篮的话，空间会更充裕。用马克笔标出它们的位置。

一旦你确定了位置，就可以开始钻孔了，一共是 8 个直径 5cm 的圆孔，排列方式随意。注意一定要把多余的塑料碎片磨掉，这样才能得到漂亮、光滑、没有碎片的洞。

在托特盒较窄的一侧顶部边缘的下方，钻一个直径比 DN3 通气管略大些的洞，这将是通气管的进出孔。值得注意的是，这个洞要钻在水位线以上，否则将会持续漏水，永远无法保持合适的水位。

步骤四：设置好气泵，将通气管的一端连接到气泵上，另一端穿过钻好的孔，然后放入气石。用吸盘将气石固定在托特盒底部。

如果你使用的是 15 夸脱的托特盒，到最高水位线大约需要加入 21.5 加仑的水。不管你需要多少水，一定要把加水量记下来，后面添加营养液时会用到。

步骤五：现在已经做好了培养盒并加满了水，接下来需要测试水的 pH 并添加营养素。大多数自来水的 pH 为 7.0 ~ 8.0。而种植香草所需的水的 pH 应为 6.0 ~ 6.5，所以需要降低 pH。

请注意，pH 降低调节剂具有高腐蚀性，所以一定不要让它接触到你身体的任何部位。不需要使用太多，先试着滴几滴，在水中充分混合，然后再次测试。

在托特盒上定植篮底部的位置做好标记。

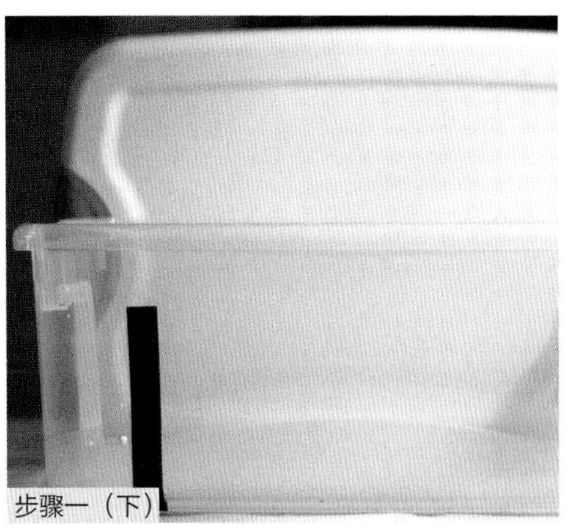

剪一条电工胶带，贴在托特盒上的高度标记处。

多次喷漆，以确保不会漏光。

放置在托特盒顶部的定植篮可以作为钻孔前的定位模板。

通气管穿过托特盒上的孔与附在底部的气石连接在一起。

在每个定植篮底部均加入一些生长介质，然后移入植物，在根部周围再填充一些生长介质。

pH的调整需要一段时间才能达到合适的值，因此不必着急或沮丧。这是确保植物获得其旺盛生长所需营养的最重要的步骤之一。如果不能正确地调整pH，就会阻止植物根系对某些营养素的吸收。

你需要记住种植盒里加了多少水。再仔细阅读水培营养素瓶子背面的营养混合图表，图表中标明了应添加的营养素的准确用量。如果你种的是种子或插枝，建议每加仑水中加入1/4茶匙营养素，如果你种植的是从商店买来的已成型的植物，建议每加仑水中加入1茶匙营养素。

在我的示例系统中，我加入了2 ½ 加仑的水，并从当地的家居商店买了一些香草，所以我向种植盒中添加了2 ½ 茶匙的营养物质。

至此，我们几乎要完成了。还剩下最后一步……

步骤六：把盖子盖在托特盒上，然后把定植篮放进洞里。现在你需要在每个定植篮的底部添加一些生长介质。这将会为你种植的香草根系提供基础支持。

如果你不是从种子开始种植的，而是决定直接购买一些香草幼苗，那么你需要清洗掉它们根系上的污垢。应尽量保证植株清洁，以免污染种植盒。

能够种植8种香草的种植盒已经完成，静待植物生长。

轻轻地冲洗掉幼苗根部的泥土，要尽可能地小心，减少植物损伤。根部清理干净后，直接将其放入定植篮里。

如果植物根部很长，你可以尝试让这些根须从定植篮的缝隙中穿出来。这有助于根系更快地接触到水，并在营养丰富的营养液中茁壮生长。如果没有长根，也没关系，用生长介质覆盖好根系，然后继续种植其他香草。

每天检查一下植物的健康状况和营养液的状况。如果你想了解酸碱度是如何随着生长环境的变化而波动的，你甚至可以每天检测一次酸碱度。我建议每周彻底更换一次营养液，以免营养液浓度或 pH 发生较大变化。

类型二：潮汐式水培系统

潮汐式水培系统是另一种不同的水培种植方式。在一个典型的潮汐式水培系统中，植物被放在一个个装满生长介质的独立容器中，这些独立容器摆放在一个种植托盘上。

与深水栽培系统不同，潮汐式水培系统不是将植物的根永久地悬浮在营养液中，而是每天按固定次数将营养液输送到苗床上，以特定的剂量向根系输送养分和水分。当苗床干燥时，根系就有机会吸收氧气，确保它们不会被淹死。

当苗床排水时，水泵会自动关闭，营养液会因重力作用而流回到储液池中。

潮汐式水培系统的优点

我认为相比潮汐式水培系统而言，深水栽培系统的维护要求更低，但潮汐式水培系统也有一些优点。首先，如果使用潮汐式水培系统，你可以拥有更大的种植面积。因为储液池不与植物直接连在一起，因此你可以扩大种植苗床的面积。在深水栽培系统中，营养液箱也是种植植物的容器。所以如果你想要更大的种植面积，就必须增大储液池。很快，种植系统就会变得笨重，这可能会带来麻烦。

当营养液不需要和植物放在同一个容器中时，控制营养液的温度也更容易。我在户外使用深水栽培系统时就遇到了一些麻烦。因为储液池从太阳吸收了太多的热量，很快就为许多不同的病原体创造了一个理想的生长环境，而植物根系绝对会讨厌这些——这会影响它们茁壮生长。

潮汐式水培系统的维护

要使植物在这个系统中健康生长，你必须做好相应的计划和准备。一个简单的灌溉时间的错误就可以彻底摧毁你的植物。最重要的是，潮汐式水培系统非常高效，植物在其中生长得很快，所以你必须持续对其进行监控。

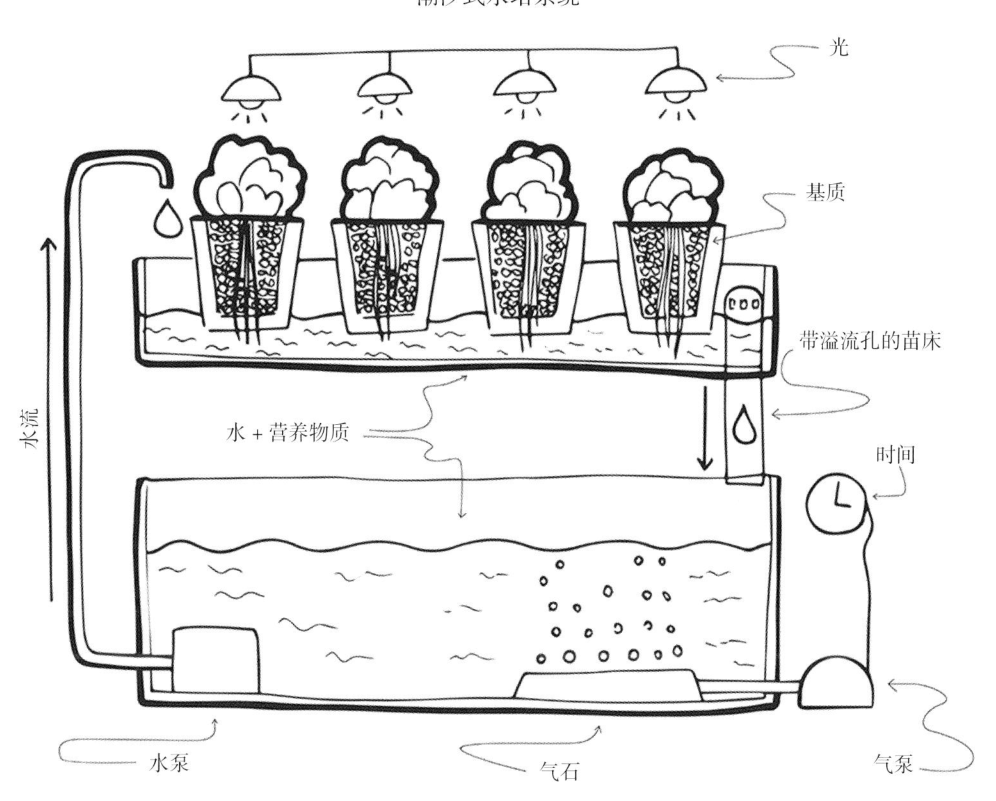

潮汐式水培系统利用重力将营养液排到储液池中。

紧凑型潮汐式水培装置

潮汐式水培系统比深水栽培系统稍微复杂一些，但你仍然可以用那些从商店购买来的材料完成构建。不过，一些给排水装置可能需要从网上订购，或到当地的园艺中心及水培商店才能买到。

在这个系统中，由于尺寸较大以及模块化设计，你可以种植一些稍大的作物，如番茄或辣椒。潮汐式水培系统至少可以同时培育两种不同的作物，如果你想要一个密集的蔬菜种植空间，它也可以同时培育更多的作物。

这些是构建潮汐式水培系统所需要的配件、管道和泵。

这些是你需要的托特盒和花盆。我把床腿支架重新利用作为花盆。

材料

- 电钻
- ϕ 32mm 孔锯钻头
- 30 夸脱的干净的托特盒
- 16 ~ 20 加仑的带盖储物箱
- 给排水装置
- 螺丝
- 橡胶垫片
- DN12 黑色灌溉管，长 46cm（或更长）
- 水族箱水泵，120gph
- 剪刀
- 气石
- 水培营养素
- 2 个花盆
- 生长介质
- 园艺计时器
- 幼苗
- 陶粒

给水及排水装置的近景，高的那个是溢流阀。

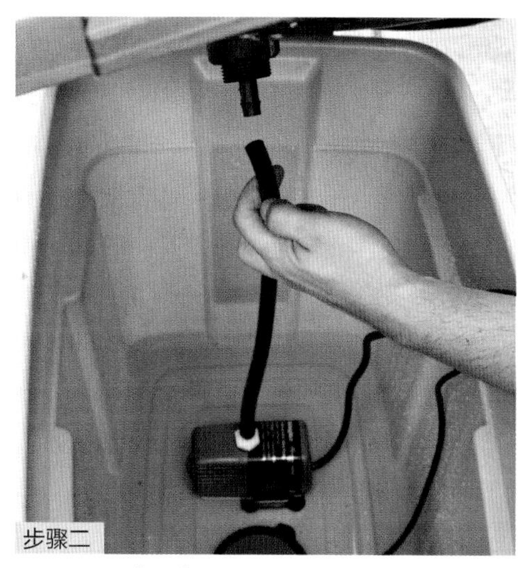

使用DN12灌溉管连接水泵到较短的给水及排水装置管件上。

步骤

步骤一：在储物箱的底部中间钻两个直径为32mm的孔，这里将用于固定给水和排水装置。然后将透明托特盒居中放置在储物箱盖子上，随后在盖子上与托特盒底的孔相对应的位置上钻孔。

在黑色盖子靠角落的位置，再钻一个直径为32mm的孔。这个孔用于水泵的电源插头和通气管穿过。用螺丝将给排水装置固定在中心孔上，注意将橡胶垫片放在盖子下并拧紧。

步骤二：将DN12灌溉管连接至水泵，确保其安装正确。对其进行修剪，使它连接到较短管件的底部。将水泵的电源线穿过盖子的侧孔。现在，你已经连接了水泵管路，可以将水培营养素填满上部的托特盒了。

现在，把气石放置在储物箱底部的水泵旁边。将空气管线穿过侧孔，然后盖上盖子。这样水和曝气系统就安装到位了，可以准备在储物箱中调节水的pH并添加营养素和溶液了。

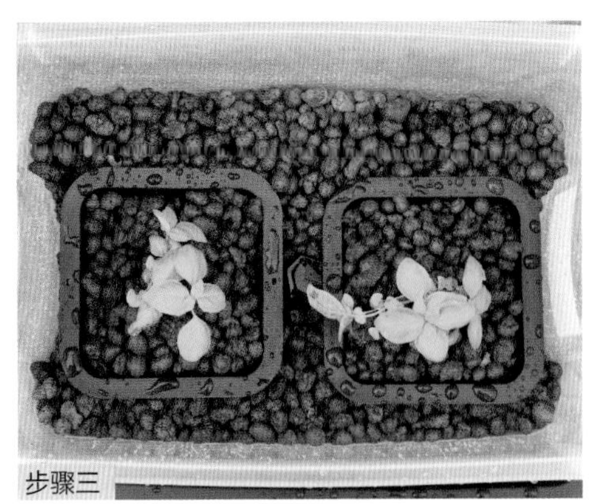

俯视这个系统，里面填满了膨胀的陶粒和新移植的罗勒。

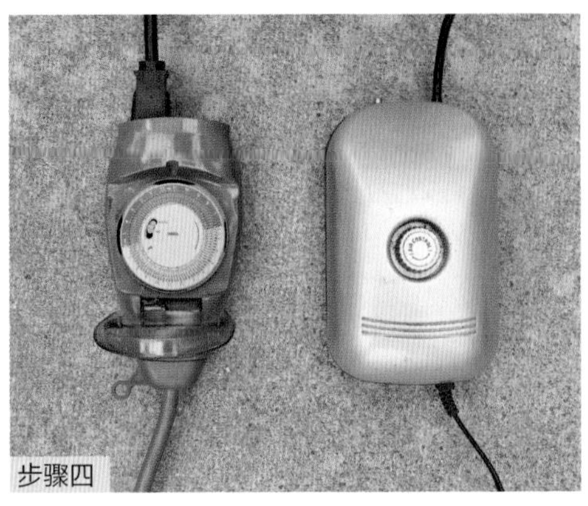

园艺计时器（左）和气泵（右）放置在系统外部。

步骤三：按照本章前面提到的方法，在储物箱中加入水和营养素。然后打开系统进行测试。若测试正常你将会看到：

- 水会被泵入上部的托特盒中，并将其注满，直到溢流口为止
- 多余的水应回流到底部的储物箱中，以进行循环利用
- 气泡应从气石中冒出来，给溶液增氧

现在，所有困难的工作都已经完成了。你建成了一个潮汐式水培系统，只是还缺少种植幼苗所必需的花盆和生长介质。你可以选择任何类型的花盆，但需要做一些小的改动。

在花盆底部和每个侧面距离盆底约 2.5cm 的位置上钻好排水孔，以保证水泵停止工作后，多余的水能迅速排出。在花盆中填满水培营养素或你自己混合制成的生长介质。对于潮汐式水培系统而言，我发现椰糠和珍珠岩比例为 1∶1 的混合物效果很好，在花盆底部加入一些膨胀的陶粒，能进一步提升排水效果。把花盆放在透明的托特盒中，在其周围填入陶粒。

步骤四：这套潮汐式水培系统很实用，想让其正常运行，还有些小任务要完成。首先，把园艺计时器连接到水泵上，这样你就可以设置灌溉时间了。潮汐式水培系统一般设置为每天灌溉 4 次，每次 15min。我通常将时间设置为上午 8 点、中午 12 点、下午 4 点和晚上 8 点。夜间不用灌溉。

其次，如果你想增加储液池中的含氧量，可以再添加一些气石，连接到气泵的 2～4 个出气口上。

现在，剩下要做的就是移植幼苗了。移植幼苗到该系统中时，最好在开始的 3～5 天内从顶部浇些营养液。这能帮助脆弱的移植幼苗在新家中扎下根来，而不会干枯死亡。

小提示：

- 确保种植系统摆放在平坦的表面上，否则水培营养素会分布不均
- 避免仅使用珍珠岩作为生长介质，它会导致容器漂浮起来
- 根据气候和植物生长周期调整灌溉计划

这种立置设计的潮汐式水培系统构成了一个紧凑型的水培园艺空间。

类型三：营养液膜系统

营养液膜系统，又称为NFT，是最受欢迎的水培系统类型之一，因其多功能性和模块化而备受赞誉。通过在系统中增加NFT种植槽，可以显著提高收获，而不需要额外付出太多努力。

营养液膜系统的工作原理

营养液膜系统与潮汐式水培系统非常相似，原因很简单，它们都使用水泵为植物输送营养液。

在营养液膜系统中，重力最终引导营养液回流到主储液池。这是一个不断流动的系统，与潮汐式水培系统的间歇式流动机制不同。

一个好的营养液膜系统的关键是营养液如何流过植物根部。这里使用的“膜”字，代表了一种理想状态，即仅保持少量的营养液在种植槽中流动，这样根系就能获得足够的氧气而不会被淹死。

在使用营养液膜系统时，最好不要种植那些需要大量支撑的作物。像生菜、罗勒和许多其他沙拉蔬菜在营养液膜系统中都能茁壮生长，而像番茄、黄瓜这样的结果作物则需要更多支撑。虽然为这些作物构建支撑结构也是可以做到的，但会耗费大量的时间和精力。

营养液膜系统的优点

相比其他类型的水培系统而言，营养液膜系统具有成本低、维护低和灵活性高等优点，因此深受水培园艺爱好者的喜爱。除此之外，营养液膜系统还具有以下优点：

- 水和营养素消耗量低
- 避免使用大量生长介质
- 易于根部消毒、易于安装
- 易于观察根部质量和健康状况
- 持续地流动可防止盐分在根部积聚
- 再循环，使地下水污染最小化
- 模块化且可扩展

营养液膜系统的缺点

任何类型的水培系统都有其缺点，营养液膜系统也不例外。因为根系生长在狭窄的种植槽中，可能会造成种植槽堵塞。另外，还有其他一些缺点，包括：

- 一旦水泵发生故障，几小时内整棵作物可能就会死亡
- 不适用于种植大型主根系作物
- 不适用于种植需要大量支撑的作物

营养液膜系统

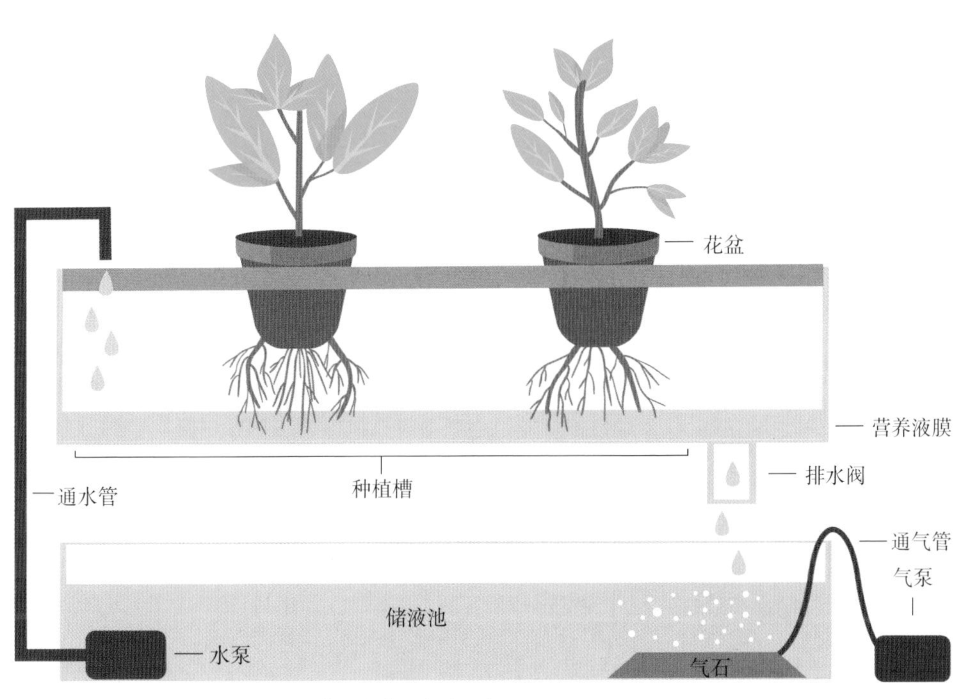

营养液膜系统将作物根系置于一层薄的营养液中进行栽培。

关于营养液膜系统的种植小贴士

控制好种植环境

这一建议并不仅针对营养液膜系统，无论何种情况下，你都应该尽最大努力控制好种植环境。由于比其他类型水培系统中植物根系暴露得更多，控制环境在营养液膜系统中显得更加重要。尤其是要控制好空气的温度、湿度和流动性。

选择合适的育苗方式

这决定了作物未来是否能在营养液膜系统中健康生长。比较常见的做法是使用岩棉块，但我个人更偏爱使用泥炭或椰糠为基础的育苗塞。如果你决定从播种开始，则要确保幼苗能较为容易地移植到系统中去。

在合适的时间将幼苗移植到营养液膜系统中

当植株根系发育到从育苗塞（或者其他种子生长介质）中探出来时，就可以将幼苗移植到营养液膜系统中了。这时，根系一旦接触到营养液，就能立即获得水分和养分。

保持营养液均衡稳定

与其他类型水培系统相比，你会发现植物在营养液膜系统中生长得更好，与在土壤中生长相比更是如此。但是生长加快就意味着水分和营养物质的加速消耗。请确保作物吸收水分和养分的速度相同。如果速度并不相同，可及时进行适当补充。

记得及时更换储液池中的营养液

建议每周彻底更换一次储液池中的营养液。储液池越大，完全更换营养液的周期就越长，但最好更换的间隔时间不要太久。这样能确保系统为正在生长的植物提供适量的营养。

储液池和种植槽应保持遮光

根部遮光能让种植工作更轻松。如果有光线穿过并照射到根部和营养液，那么藻类便会滋生，这些藻类既难处理，又会影响植物的生长速度。

保持环境洁净

这是显而易见的。营养液膜系统周围的一切都应和系统自身一样，保持洁净。当你从系统中收获作物后，请进行彻底清洁，再移植新的幼苗。

循序渐进

移栽幼苗后，使用的营养液不宜过浓。大多数水培营养素标签上的建议用量都高于幼苗的需求，所以应将浓度降低25%～50%，随着作物的生长再逐渐增加。

刚开始种植时，可以使用标准浓度50%的营养液，然后将浓度提升至标准浓度的75%，在第一次更换营养液后（种植后7～10天）达到标准浓度（以包装瓶上的详细说明为准）。

检查根系健康状况

不时查看一下种植槽中植物根系的健康状况。它们应该呈亮白色，并且生长繁茂。

立置式营养液膜种植槽系统

如果你刚开始尝试水培，这一系统是利用营养液膜技术的绝佳方法。它利用 PVC 管道作为营养液膜种植槽，利用重力使营养液回流到主储液池中，易于定制和扩展，有利于打造独特的园艺空间。

确保每个洞的间距均匀，给植物留出足够的生长空间。

这种营养液膜系统的设计紧凑、美观，并且非常高效。

在PVC管一端的底部钻一个孔，使水排回到下面的系统里。

材料

- 锯
- DN100 PVC 管，长 90cm
- 钻头
- ϕ 76mm 孔锯钻头
- ϕ 20mm 钻头
- 两个直径为 13cm 的 PVC 平盖
- 两块 5cm × 10cm 木料，每根长 30cm
- 25 加仑的储物箱
- ϕ 25mm 的孔锯钻头
- 潜水泵，75gph
- DN19 黑色乙烯基管，180cm 长
- 水培营养素
- 3 个直径为 76mm 的定植篮
- 陶粒
- 幼苗

步骤

步骤一：为了简单起见，这个系统设计直接将种植槽置于储物箱上方。把 DN100 PVC 管切割成合适的尺寸，确保其长度能纵向放入储物箱，两端都留有一点儿空间，这样水就可以流回储物箱中进行再循环。

在 PVC 管上钻几个直径 76mm 的孔，间隔均匀，你可以把定植篮放在这些孔里。

步骤二：在 PVC 管的另一面，其中一个孔的正下方钻一个直径为 20mm 的孔。这个孔用来将水排回到下面的储物箱里。

步骤三：在一个 PVC 平盖的中间钻一个直径为 20mm 的孔。水管穿过这个孔连接到潜水泵上，这样你就可以灌溉种植槽了。

步骤四：最后，在每一块 5cm × 10cm 的木料上切一个缺口，用作种植槽的支架。为了获得最佳的水流，种植槽应该以 1 : 30 的比例倾斜，即如果你的种植槽长度为

一定要在钻排水孔的另一端钻这个孔。

确保其中一个缺口比另一个缺口深2.5cm，这样水就会流向正确的方向。

左边的乙烯基管用于排水，右边的乙烯基管用于将营养素泵入营养素膜种植槽。

75cm，那么两端的高度应相差 2.5cm。确保 PVC 管上钻有直径为 30mm 排水孔的一端架在有较大切口的支架上。

在储物箱的盖子上钻一个直径为 30mm 的孔，以完成系统的排水部分。在盖子上钻一个直径为 25mm 的孔，将潜水泵的电源线穿过去。然后把潜水泵放置在储物箱的底部。

步骤五：切取一段 1.2m 的黑色乙烯基管，将一端连接到水泵上，另一端穿过 PVC 平盖。切取另一段 0.25m 长的乙烯基管，并将其通过种植槽上直径为 20mm 的孔和盖子顶部直径为 20mm 的孔。把支架放在盖子上，把种植槽放在支架上。

配制好营养液（参考前面章节的指导）并注满储物箱。放入定植篮，加入陶粒，将幼苗移植进来。接通潜水泵电源，确保营养素能泵入种植槽中，并回流到储物箱中，完成循环。潜水泵应一直打开，持续工作。

我常用陶粒作为移植罗勒的生长介质。

气雾栽培系统

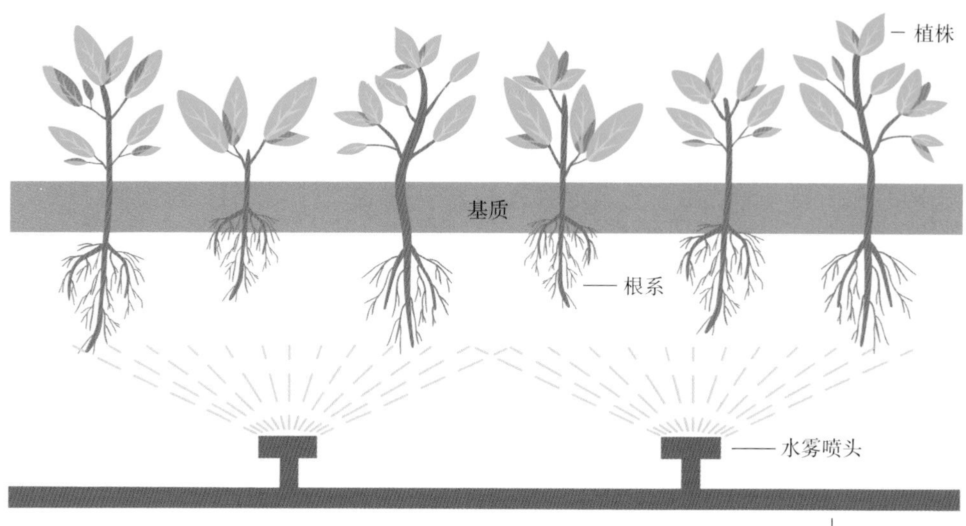

在所有类型的水培系统中，气雾栽培系统使植物根系接触到的空气最多。

类型四：气雾栽培系统

气雾栽培系统是最“高科技”的水培装置之一。不过，一旦你理解了它的工作原理就会发现，其实没那么复杂。

气雾栽培系统与营养液膜系统相似，植物根系大部分都悬浮在空气中。不同之处在于，气雾栽培系统是通过不断地向根区喷洒营养液，而不是让营养液沿着种植槽流动，来实现为植物提供水分和养分的目标。

有些园丁喜欢类似于潮汐式水培系统的循环喷洒，只是喷洒周期明显更短，每次喷洒间隔通常只有几分钟。也可以连续喷雾，并使用更细的喷雾器，以确保更多的氧气到达根部。

已经有事实证明，植物在气雾栽培系统中比在一些更简单的系统中（如深水栽培系统）生长得更快，但这并没有在所有情况下均得到验证。如果你想尝试一下该系统，需要使用专门的水雾喷头来雾化营养液，或者可以使用洒水喷头来模拟近似效果。

这是一个商业规模的气雾栽培系统。在系统内部，喷雾器正在向生长在托盘中的生菜根部喷洒营养素。

桶型气雾栽培系统

除了管道以外，这个5加仑的桶型气雾栽培系统与深水栽培系统的设计几乎完全相同。它很轻，易于移动，是一种可组装的更简单的水培系统。

我喜欢用与该气雾栽培桶类似的系统来培育植物。

材料

- 直径76mm的定植篮，最多7个
- 螺丝
- 5加仑的带盖桶
- 马克笔
- 电钻
- ϕ76mm孔锯钻头
- 潜水泵
- 30cm长的DN12直立水管
- 锯
- 360°的DN12喷头
- 园艺计时器
- 水培营养素
- 育苗塞
- 移植植株
- 椰糠或陶粒

步骤

步骤一：把定植篮放在桶的顶部。如果你想种植一株大型作物，可以在桶盖中间单独放置一个定植篮。如果你想种植多种小型作物，在这个系统中，最多可以放置7个直径76mm的定植篮。沿着每个定植篮的底部用马克笔画上记号。

沿着刚才的记号钻几个孔，把定植篮放进去，看看大小是否合适。定植篮的边缘应紧贴着桶盖的表面。

步骤二：把潜水泵放置在桶底部，用螺丝将30cm长的DN12直立水管固定到潜水泵上。将水管截取到想要的高度，把360°喷头安装在水管上。将潜水泵的电源插头从桶盖顶部穿出，插入园艺计时器，并设定全天24h运行，每间隔30min喷洒一次。

步骤三：将准备好的营养素装满水桶，盖上盖子。为了更好地适应该系统，我建议将育苗塞和幼苗一起移栽入定植篮中，然后在定植篮的其余部分填满椰糠或陶粒以提供额外的支撑。

移植到这个系统之后，你不需要担心如何从顶部浇水。360°喷头会浸润定植篮的底部，将水分直接带到根部。

步骤一

将3个直径76mm的定植篮放在水桶盖上，并另外钻一个孔用于穿过潜水泵电源线。

步骤二（上）

360° 喷头的喷淋模式。

步骤二（下）

你可以使用专门的喷雾器，也可以使用在当地五金店购买的普通喷头。

步骤三

这个5加仑的桶型设计是我最喜欢的便携式水培系统之一。

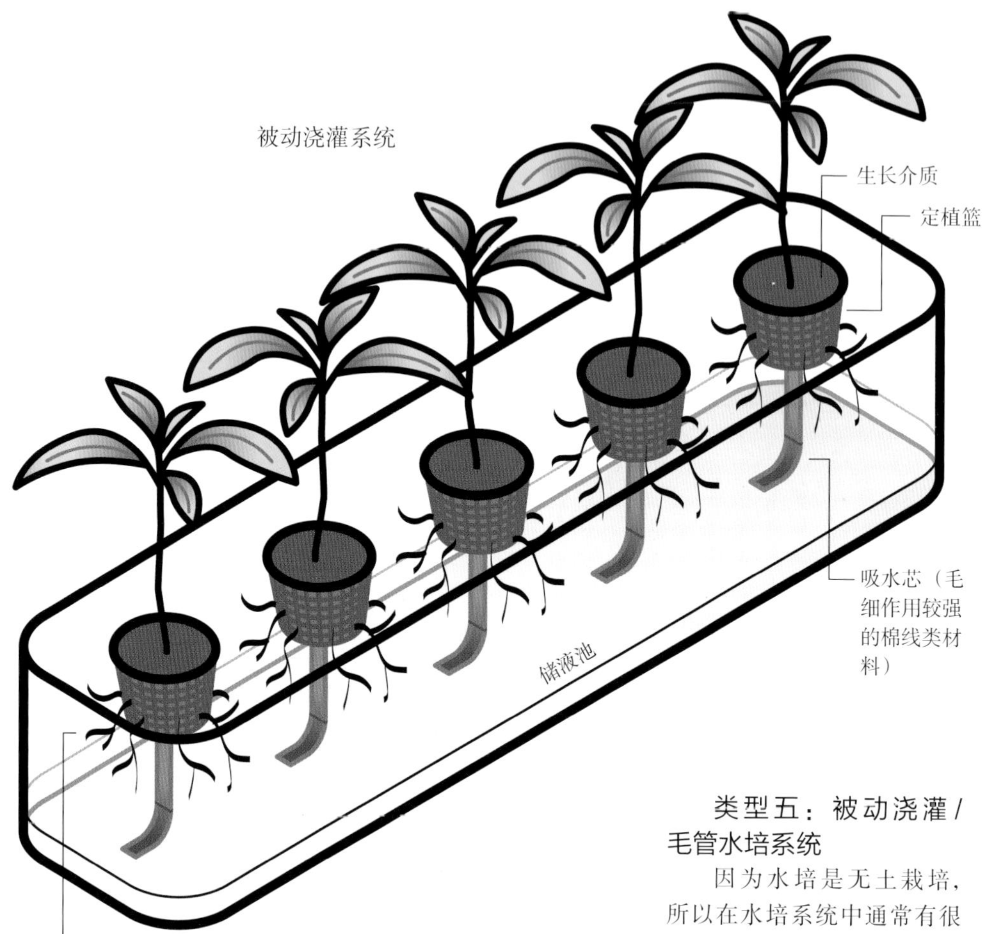

由于毛细作用，在被动浇灌系统中，浇水变得十分轻松。

类型五：被动浇灌/毛管水培系统

因为水培是无土栽培，所以在水培系统中通常有很多组成部件，如泵、吸水芯、气石，以及为它们提供动力的电力。请不要误解我的意思，这也是我喜欢水培的原因之一，但有时只是想让它的构造更简单些。

这就是被动浇灌系统的亮点所在。这种技术可以让你在没有电、泵或任何吸水芯的情况下构建水培系统。事实上，你甚至不需要改变你的储液池或添加营养液。这是我所见过的最接近完全“放手”的无水栽培技术。

在传统的深水栽培系统装置中，你通常要把作物放在装有生长介质的定植篮中，然后放入储液池中。之后向储液池中加入营养液，直到一定的位置，确保液面不会碰到定植篮。

你添加到系统中的气石会产生气泡，气泡会在水面破裂，冲击到生长介质，滋养植物的幼根。随着根系的生长，它们最终会接触到水面，并快速生长。

而在被动浇灌系统中，你在储液池中加入营养液时，要保证液面位于距定植篮底部1/3处。因为没有放置气石，植物在生长初期就需要水分，这样做可以让生长介质保持湿润，进而确保作物不会干枯。

随着作物的不断生长，水不断被消耗，水位会下降，但那时作物的根系就能扎到营养液中了。

你可能会想，“难道气石的作用仅仅是在幼苗阶段湿润生长介质吗？”你说得对，这就是被动浇灌系统的魅力所在。由于没有补充水分，而作物会不断地消耗水分，并将越来越多的根系暴露在空气中，这将确保植物获得其生存和茁壮生长所需的足够的氧气，而不需要用到气石。

在开始使用被动浇灌系统之前，需要考虑以下几个方面。

毛管水培系统可以用于土培，也可以用于水培，取决于你的个人喜好。

最适合绿叶蔬菜

这是一种简单的、无须干预的栽培方法。这意味着它不能满足果实作物在结果期增加的营养和水分需求。所以，这种方法适合生菜、菠菜等绿叶蔬菜，而不适合番茄、黄瓜这样的果实作物。

害虫

因为营养液是静止的（没有使用气石），所以它会吸引蚊子这类害虫的注意。为了避免这种情况发生，请确保储液池远离任何类型的昆虫或害虫的侵害，同时允许一些氧气和空气流入。

水质

由于一般不需要换水或调整储液池中的水位，因此最初就应该使用高质量的水。我推荐使用反渗透或过滤水，尽可能降低水的PPM，以避免盐分浓度不当带来的危害。

关注pH

如果你对此不太熟悉，可能需要拿起pH测试笔每天测试一下。一旦你掌握了为正在生长中的作物准备营养液的正确方法，就可以放手，把工作交给系统来完成了。

在一天中最热的时候，将冰冻的瓶装水放入储液池可以使温度降低3℃。

使水培储液池保持凉爽

作为一名水培园丁，你常会遇到一个烦恼就是如何保持储液池的凉爽。凉爽的储液池对于提高作物产量和减少病害至关重要。

无论在室内灯光下还是在室外明亮的阳光下种植，水培储液池都容易迅速升温。储液池的升温会使植物根部周围的温度升高，从而导致根部的溶解氧含量降低。而植物在水培环境中生长的速度更快，耗氧量也更大，如果这一现实与以上情况同时发生，储液池中将会严重缺氧。此时，你的植物就有被诸如腐植酸之类的病原体感染的风险。

为了达到最佳效果，空气温度应高于水温。一般情况下，空气温度应控制在24～27℃，水温应控制在20℃或更低。

那么该如何冷却水培储液池呢？

有很多方法可以冷却水培储液池，这里涉及不同的价格和不同的日常基础操作。

无论你选择哪种方法，请确保在夏季加大降温力度，特别是如果你采用的是深水栽培系统或小储液池（小储液池的温度上升得更快）。

为储液池喷涂油漆

如果你拥有一个洁净的储液池，可以通过喷涂油漆来阻挡光线和防止藻类生长。在为储液池喷涂油漆时应注意，深色会阻挡更多的光线，但也会吸收更多的热量；浅色阻挡的光线少，但吸收的热量也少。我通常会选择浅灰色，以获得一个两全其美的效果。

把它放在阴凉处

这是显而易见的，但又不能不提。如果你能尽量减少照射到储液池的光，就可以把传递到营养液中的热量降到最低。因此，请将储液池放置在阴凉处，或用纸板或铝箔覆盖其表面。

扩大储液池

许多水培爱好者喜欢使用较小的储液池，这会导致水温容易波动。通过构建或购买一个更大的储液池，你便可以在不添加任何其他冷却材料的情况下，增加池内温度的稳定性。除此以外，由于营养液的体积增大了，其 pH 和 PPM 也会更稳定。

这个梅森罐被喷涂成白色，以防止水被光照加热。

混合营养液

有一个不错的解决办法，即简单地加入较冷的营养液来平衡储液池的温度。但这并不是一种可以一直使用的解决方案，因为如果储液池出现了温度问题，那么这一问题很有可能会反复出现。如果你只是偶尔遇到一次温度波动，可以使用这个方法来进行修正。

尽管如此，还是要小心。如果你迅速加入较冷的营养液，剧烈的温度变化可能会对植物根系造成伤害。

将储液池埋入地下

如果你在室外进行种植，可以将储液池埋入地下。地面以下阴凉黑暗的环境将使储液池保持凉爽。如果使用这种方法，植物根区几乎不可能会进入危险温度区，但操作起来确实有点儿费劲。

制作冷却器

通过调查，我发现使用冷却器是一种非常巧妙的冷却方法。如果用一个简单的夹式风扇，让它吹过储液池的顶部，你就会发现温度下降了，这简直令人难以置信。你可以预计温度会下降3~6℃，但这也是有代价的。

通常你需要更频繁地补充储液池，因为冷却器利用蒸发冷却（这意味着水会流失到空气中）。如果更深入地思考这个问题，你就会明白这也意味着营养液的PPM将会随着水分蒸发而升高，所以如果你使用这个方法，请注意监测营养液的状况。

购买一台冷水机

最有效（也是最昂贵）的方法是购买一台冷水机。这些机器是类似于水下空调机组的电力装置。它们的基本结构由风扇、压缩机线圈和制冷线组成。

你要做的就是插上电源，让装置运行。为了让储液池冷却得更快，应确保水在冷水机周围循环流动。大多数水培园丁会使用1.1~1.5kW的冷水机来解决大部分问题，剩下的问题可以根据具体情况再进行处理。

8

常见的种植问题

不管你对植物有多了解，在种植过程中总会遇到一些问题。无论是虫害、病害，还是简单的浇水问题，本章旨在涵盖最常见的种植问题并给出解决方案。

在本章中，你将学习：

- 如何有机地解决最常见的虫子
- 如何处理啃食作物的令人讨厌的动物
- 预防和控制 6 种最常见的植物病害

科罗拉多甲虫正在吞食土豆的嫩叶。

害虫

啊，害虫！它们是每位园丁的噩梦。想象一下，你花了几个月时间培育出漂亮的番茄，却在某一天醒来时发现番茄角虫在叶子和茎上留下了巨大的洞，没有什么比这更令人崩溃了。或者某天早上走进园子里，看到一只地鼠正在毁坏你精心照料的蔬菜园，你一定会心中一沉。

园子里不可能永远完全没有害虫，因此这一章会让你了解如何解决常见的害虫问题，这些策略对几乎所有的害虫都有效，同时也会让你了解到，针对在园子里将会遇到的一些最令人讨厌的害虫，有哪些具体预防和控制措施。但需要注意的是，你通过构建园艺空间而建立起的当地生态系统其实也需要一些害虫，因为一些有益的、掠食性寄生昆虫会以它们为食（能为你做大量的害虫控制工作）。所以，即使你遇到了一些害虫问题，也不用惊慌。

预防害虫的一般原则

保持植物健康

培育强壮健康的植物是预防害虫的第一步。健康的植物虽然不能保证没有虫害，但它们更能抵御小虫害，恢复能力也更强。如果植物由于某种原因生长不良，便更容易受到害虫的侵害。同样，当你感到疲倦、劳累过度或营养不良时，也更容易生病。

小拱棚是物理防虫的首选。

日常监测

常言道，“预防为主，治理为辅。”如果你想在园艺实践中取得成功，就应该把检查作物是否受到虫害侵袭作为日常园艺工作的一部分。你可能经常会看到成群的虫卵，用手指抹掉或压扁它们，杀死下一代害虫，能有效减少它们的数量。

如果害虫问题已经很严重了，那么每天检查将有助于减少植物被彻底摧毁的概率。

设置物理屏障

有时，你必须更加积极地防治虫害，最好的办法就是在珍稀的植物周围设置物理屏障。在对付会飞的成虫时，小拱棚绝对是好方法。

如果成虫不能降落在植物叶子上产卵，害虫就无法延续生命。虽然这种方法不能保证防止所有的害虫（它们总是能降落在没有保护的地方），但它能保证所覆盖的植物是安全的。

我喜欢用小拱棚来保护芸苔属植物（如羽衣甘蓝、西蓝花、花椰菜等），因为根据我的经验，它们是最容易遭遇虫害的植物。

轮作法

当你听到“轮作”这个词时，可能会联想到那种大规模的工业化农业技术。但它在小园艺空间中也很有用，尤其是对种植床而言。有些害虫，例如包心菜蛾，只喜欢某些类型的植物。如果在下一种植季轮作的话，可以减少这些病虫害。轮作对根结线虫等土传害虫也是极为有效的防治策略。

二阶段生命周期

有些昆虫的生命周期包括3个阶段：虫卵、若虫和成虫。

昆虫

昆虫在园艺空间里极具破坏性。无论是巨大的毛毛虫，例如番茄天蛾，还是几乎看不见的蛛螨，昆虫都会在很短的时间内破坏作物。

在开始介绍某些特定昆虫之前，我们非常有必要先了解一下大多数昆虫的生命周期。大多数昆虫在其发育过程中要经历 3～4 个阶段。不同的昆虫可能会在不同的生命阶段对植物造成破坏。如果你能打断害虫的生命周期，就很有可能将其彻底根除。毕竟，如果它们不能繁殖就不能延续生命。

虫卵有各种形状和大小，而且每种害虫都有自己喜欢的产卵地点。有些喜欢在树叶的背面产卵，有些喜欢在茎的基部产卵。无论如何，虫卵阶段是最容易对付的。你只需把虫卵从植物上擦掉，就能防止下一代害虫的诞生。

若虫期是三阶段生命周期昆虫（不完全变态昆虫）的一个特征生命阶段，看起来很像成虫形态。这一阶段被划分为不同的“龄期”，昆虫发育为成虫形态之前的龄期数取决于昆虫本身的种类。由于若虫通常与成虫在相同的栖息地活动，因此防控技术与成虫相似。

幼虫期是四阶段生命周期昆虫（完全变态昆虫）的一个特征生命阶段，这可能也是最多样化的生命阶段。害虫的幼虫常常会在植物上爬来爬去，并开始咀嚼，收集足够的能量以进入下一个生命周期阶段。同时，我们应该知道不仅害虫会经历幼虫阶段，益虫也会，比如典型的瓢虫。瓢虫幼虫看起来与成年瓢虫相去甚远，经常被误认为是一种害虫，但事实并非如此。它们会对园艺空间里害虫的卵和幼虫直接发起攻击。

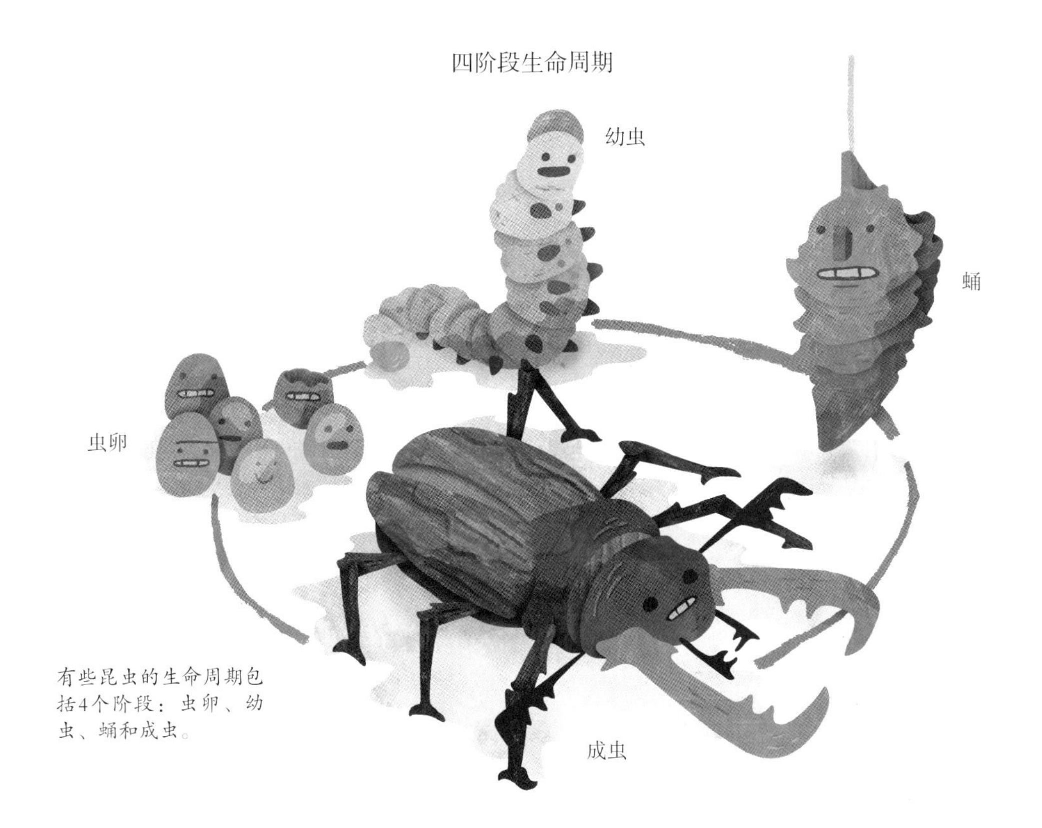

有些昆虫的生命周期包括4个阶段：虫卵、幼虫、蛹和成虫。

蛹期是幼虫的下一个阶段，在这一阶段它们将向成虫形态转变。这种形态是它们最脆弱的时候，因为它们将长时间处于静止状态。然而，它们也很难被发现，许多昆虫在进入这一阶段时会钻到地下。

昆虫一旦到达成虫阶段，就进入繁殖期了。它们通常会增加移动，或飞或爬到园子中心区域。对于园丁来说，成虫阶段通常是最难对付的阶段，因为飞虫很难被捕捉。在此阶段使用防寒布、黏性捕虫器和有机喷雾剂都是不错的选择。

在这片无花果树叶子上，可以看到灰褐色的臭虫卵。

蚜虫是所有城市园丁的灾祸。

蚜虫

世界上有超过 4400 种蚜虫，其中大约 250 种会对园艺空间造成破坏。这些蚜虫有各种颜色，包括黑色、白色、绿色、红色、粉色、棕色等。它们会吸干植物叶子的汁液，造成植物死亡。

听起来很吓人，对吧？但其实无论什么种类的蚜虫，都有相似的生命周期，我们能用同样的方式打败它们。

大多数蚜虫呈梨形，触角长，腿长。成虫通常没有翅膀，但也有些种类有翅膀。你经常会在植物叶子的背面找到它们，它们从那里吸取汁液。即使你摇动植物，也无法将它们轻易清除。

蚜虫的预防

- 对易感作物撒硅藻土
- 在作物上喷洒印楝油
- 在小拱棚下种植作物

蚜虫的有机控制

- 杀虫皂会杀死这些软体昆虫
- 对于生命力较强的植物，你可以喷点儿水敲打枝干，把蚜虫赶走
- 向园艺空间中释放一些瓢虫，它们会大量消灭蚜虫（蚜虫是它们的美餐）

番茄天蛾

任何和我一样喜欢自己种番茄的人，都会害怕这种胖胖的绿色蠕虫。因为番茄天蛾能迅速摧毁番茄植株。但我们仍希望通过一些准备和精心管理，来除掉这种害虫，防止它卷土重来。

番茄天蛾可能是你在园艺空间中发现的最大的毛虫之一。这些蠕虫平均身长 7 ~ 10cm，呈亮绿色，在身体两侧有大约 7 个斜 V 形，尾部有一条尾巴状的黑色的角。

烟草天蛾是番茄天蛾的近亲，它有红色的角和斜白色的条纹，身侧没有 V 形。但在其他方面两者很接近，它们都以类似的植物为食，会造成相同类型的伤害，所以很可能会被混淆。

番茄天蛾的预防

- 在小拱棚下种植植物
- 在植物和周围的土壤上撒硅藻土
- 种植季结束后进行翻耕，将越冬的种群挖出来，留给鸟儿

番茄天蛾的有机控制

- 每天检查易感植物，人工去除这些大虫子
- 释放草蜻蛉和瓢虫，它们都能吃掉番茄天蛾的虫卵
- 使用苏云金芽孢杆菌（Bt）喷雾杀死现有的幼虫

尽管番茄天蛾幼虫的体形很大，却很难被发现。

菜青虫是我最需要对付的害虫，它会很快吃掉芸苔属蔬菜。

菜青虫

如果你开始在羽衣甘蓝的叶子上发现了虫洞，同样的虫洞也会出现在卷心菜、球芽甘蓝或其他芸苔属植物上。同时，一排排整齐的萝卜叶子上也出现了被啃食的痕迹，有些叶子的背面还出现了少量灰白色或黄色的斑点。而你刚刚看到一条绿色的小蠕虫在作物的叶子上漫步。

很抱歉，我要告诉你一个坏消息，种种迹象表明你的园艺空间中出现菜青虫了。

在园艺空间中，你能看到的蛾子主要有两种，小菜蛾和大菜蛾。它们成年后看起来很相似，都是白色的，翅膀上都有一个黑点。它们会在植物叶子背面产下绿色的小卵。这些卵可能是单个的，也可能是成群的，这取决于菜青虫的类型。

菜青虫的预防

- 用大蒜喷雾阻止成年菜青虫在植物上产卵
- 把柑橘皮放在水中磨碎，然后将它撒在植物上
- 在叶子背面喷洒印楝油，以抑制虫卵生长

菜青虫的有机控制

- 每天检查叶片背面，用指尖清除虫卵
- 喷洒 Bt 喷雾剂，可以迅速杀死菜青虫的幼虫
- 使用含有多杀菌素或菊酯类的喷雾剂
- 在植物和周围的土壤上撒些硅藻土作为威慑

虽然它们很漂亮，但这些金属光泽的虫子会啃噬植物的叶子。

蕈蚊在室内非常普遍，所以要保持警惕。

日本丽金龟

日本丽金龟是园艺空间中一种常见的害虫。虽然这种昆虫只有1.2cm长，但它常常成群结队地进食，会给花卉和蔬菜带来很大伤害。而且这些甲虫从不挑食，它们可以入侵并吃掉300多种植物。

通过其独特的外表，我们能很容易地辨认出日本丽金龟。它们的背部为铜色，头部为金属蓝绿色，腹部两侧有白色的细毛，有6条腿、2个触角和1对翅膀。

日本丽金龟的预防

- 使用自制喷雾剂将日本丽金龟的幼虫引诱到土壤表面
- 用液体洗洁精与水的混合液能将它们引诱到土壤表面，在那里它们很容易受到鸟类的攻击
- 在土壤中加入乳状芽孢杆菌，日本丽金龟的幼虫吞食后会死亡

日本丽金龟的有机控制

- 将植物上的大型成虫扔进肥皂水里
- 使用小拱棚覆盖植物，以防止成虫产卵
- 使用专门为日本丽金龟设计的捕虫器
- 在地上铺一块布来引诱日本丽金龟。第二天早上，把它们扔进肥皂水里

蕈蚊

蕈蚊和它的幼虫是室内园艺空间中最可怕的害虫之一。如果你不警惕的话，这些小虫子完全可以摧毁作物——它们的破坏速度惊人。

蕈蚊主要通过幼虫破坏作物。蕈蚊可以在培养基里产卵，虫卵一旦孵化成功，幼虫就会附着在作物的根部，吸干营养。

尽管破坏作物的主要是幼虫，但成虫的破坏力也不容小觑，它们可以携带病原体，特别是真菌，因此它们本身可能就是致命的。不仅如此，它们还会快速地产下数百个卵，这些卵孵出的幼虫会吞食作物的根。

蕈蚊的预防

- 购买之前仔细检查作物，查看作物根部是否有透明或白色的蕈蚊幼虫
- 避免给作物过度浇水
- 使用黄色黏性诱捕器查找成虫
- 覆盖土壤，防止成虫在土壤中产卵

蕈蚊的有机控制

- 将水和过氧化氢按4∶1的比例混合，并浇灌土壤
- 将印楝油与水混合，浇灌土壤
- 使用除虫菊酯喷雾剂杀死蕈蚊幼虫
- 在土壤中接种有益的线虫

在叶螨达到一定数量并成为严重问题之前，人们几乎不可能发现它们。

叶螨

你有没有见过这种现象，植物叶子开始成片变黄，或者长满了超细的“网”，但你却看不到任何蜘蛛？

如果是这样的话，作物可能正在遭遇一种室内外都很常见的害虫——叶螨。一般认为，叶螨并不是一种真正的昆虫，而是与蜘蛛和蜱类相近的蛛形纲动物。它们非常小，需要用放大镜才能看清它们。它们会使树叶背面看起来布满灰尘，但如果仔细观察，你就会发现这些灰尘实际上是在移动的。

叶螨的预防

- 保持植物有充足的水分，以免感染叶螨
- 每周至少清理一次叶子上的灰尘或碎屑
- 保持低湿度和空气的高度流通

叶螨的有机防治

- 向植物喷洒印楝油以抑制叶螨
- 使用特定的防螨产品，如Mite-X
- 使用害虫爆破器之类的产品将高压空气喷射到植物上
- 引入有益的昆虫，如掠食性螨、瓢虫或草蛉

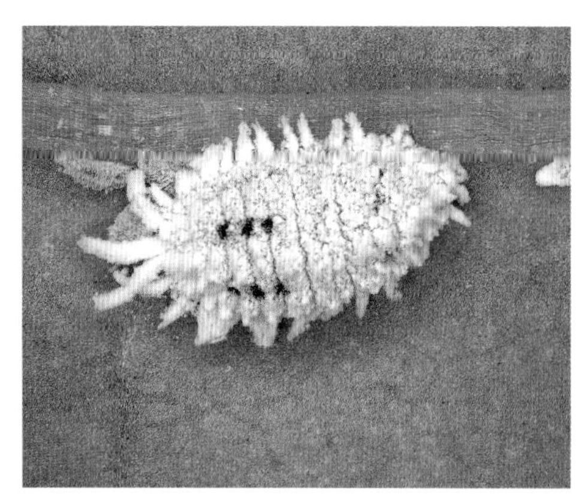

这只扶桑绵粉蚧看起来像是科幻小说里的生物。

如果不加以控制，蝗虫可以在短时间内啃光整株植物。

介壳虫和粉蚧虫

令人恶心的介壳虫经常平贴在叶子或果实上，或者附着在树枝或树干上。这种分布广泛的昆虫种类众多，总科（蚧总科）超过8000种。它们中有许多是农业害虫，还有一些会对树木或其他植物造成危害。大多数人并不知道粉蚧虫也是介壳虫的一种。然而，与大多数介壳虫不同的是，虽然有腿，但是一旦找到好的进食点，它们就很少移动。粉蚧虫是一种常见的温室介壳虫。

介壳虫和粉蚧虫的预防

- 如果你发现了少量介壳虫，可以用浸有酒精的棉签轻轻擦拭
- 修剪所有被感染的枝条并销毁

介壳虫和粉蚧虫的有机控制

- 介壳虫对一些杀虫剂有抗药性，但园艺油会令它们窒息死亡
- 印楝油可以使介壳虫窒息和中毒
- 如果感染介壳虫的情况很严重，建议使用更有效的升级版印楝油产品，如AzaMax
- 经常清洗植物可以去除介壳虫

蝗虫

想象一下，你已经构建了一个令人惊叹的园艺空间，到处都是郁郁葱葱的绿色植物和蔬菜，但是却遭到了蝗虫的无情攻击，这是多么令人心痛的场景。与许多只对一种植物造成危害的害虫不同，蝗虫不挑剔，它们可以消灭大多数植物。

蝗虫能彻底毁坏你的园艺空间。它们每天的进食量大约是自身体重的50%。不管处于生命周期的哪个阶段，它们都会啃食植物的茎和叶。如果不加以控制，这种损害会变得非常严重，甚至使你的整个园艺空间都没有叶子。

蝗虫的成虫体长2.5 ~ 5cm，呈棕色、赤黄色或绿色，下颚突出，翅膀发育充分，触须短。它们的后腿很发达，跳得很远。未成熟阶段或若虫阶段，在外观上与成虫相似，但体形更小，有翅芽而不是翅膀。

蝗虫预防

- 在春天翻耕土地，以消灭越冬的虫卵
- 在小拱棚下种植易感植物

不要放任蜗牛和蛞蝓随意生长，否则它们会毁掉你的园艺空间。

蝗虫的有机控制

- 使用生态糠诱饵吸引并杀死蝗虫
- 在园艺空间中受影响的地方喷洒稀释的大蒜喷雾
- 在蝗虫猖獗的地方喷洒辣椒蜡驱虫剂。

蛞蝓和蜗牛

蛞蝓和蜗牛喜欢潮湿、阴凉的地方，在晚上最为活跃。它们会啃食生长得较低的幼苗和绿叶蔬菜。然而，它们也会危害番茄或草莓等。

蛞蝓和蜗牛的预防

- 清除生长区域的所有碎片、木材和杂草，以免成为这些害虫的掩护
- 由于蛞蝓和蜗牛在晚上更活跃，且喜欢潮湿的环境。因此，请在早上给植物浇水，而不是晚上

蛞蝓和蜗牛的有机控制

- 日落后进行人工清除，此时它们最活跃
- 用喝剩下的啤酒填满浅碗，然后埋在土里。啤酒会吸引蛞蝓和蜗牛，它们会被淹死
- 使用有机诱饵（比如Sluggo[5]）

⑤Sluggo是一种有机诱饵，其有效成分为磷酸铁，为颗粒状，可将其散布在园艺空间中。蛞蝓或蜗牛食用诱饵后会停止进食，然后退回并死在其藏身处。

用鸟浴盆和鸟食器鼓励鸟儿到来，可以增加一种防虫措施。

动物

虽然在园艺空间中你最常要应对的是昆虫，但如果任由大型动物自由来去的话，它们也可以轻而易举地摧毁你的园艺空间。

鸟类

事实上，我很欢迎鸟儿的到来。它们是园艺空间周围自然生态系统中不可或缺的一部分，它们还会把植物上的毛毛虫和其他幼虫清除干净。然而，当鸟儿在成熟的番茄上啄上几个洞或偷走浆果时，许多园丁都会感到沮丧。

一个鲜为人知的秘密是，鸟儿这样做实际上是为了水。因此，解决园艺空间中鸟类问题的最佳方法是张开双臂欢迎它们，并安装简单的鸟类喂食器和鸟类沐浴器。这样，它们就可以获得所需的食物和水。如果你这样做了，将会看到它们在园艺空间中做的唯一的事情就是跳来跳去，并且捉些虫子作为零食，而这正是你想要的。

如果你真的想阻止鸟类进入你的园艺空间（尤其是远离水果），那么可以使用闪光（全息）驱鸟彩带。这对椋鸟特别有效。你还可以在浆果树丛上安装防鸟网，因为鸟儿经常喜欢把这些珍贵的水果摘下来。

一群鹿正在大嚼它们喜欢的城市里的蔷薇丛。

鹿

与鹿打交道可能会令人感到格外挫败。基于不同的生活区域，每个鹿群喜欢的植物各有不同，而通常它们喜欢的也是你最喜欢的植物。当然，也有一些植物是它们不喜欢的：

- 毛茸茸的、多毛或有尖刺的植物
- 像大多数香草一样，具有浓烈香味的植物
- 有毒的植物
- 大多数草

作为一名城市园丁，以上建议可能对你并没有太大帮助，因为你想种植的食用植物有可能恰好就是鹿喜欢吃的。所以你的第二个选择是安装防鹿围栏。这个过程昂贵且耗时，但是如果你真的生活在一个有鹿出没的地区，那么这是值得投资的。

请确保搭建的围栏满足以下条件：

- 至少2.4m高，因为鹿可以跳到这个高度
- 如果可能的话，最好采用不透明围栏。因为鹿不会跳过它们看不透的东西

如果你不想搭建围栏，还有其他两个选择。首先，可以使用可靠的驱鹿剂。由于驱鹿剂一般是由臭鸡蛋、血、大蒜、洋葱或肥皂制成的，因此大多数都很难闻。这样做的目的是让鹿相信你的园艺空间中不会有美食。成功使用驱鹿剂的关键是保持一定的使用频率。别松懈，否则它们很可能还会回来享用美味。

其次，我最喜欢的摆脱鹿的方法之一，也是最优雅的方法——采用运动激活洒水系统。鹿很容易受惊，因此当它们溜进你的园艺空间时，朝它们脸上喷一股水，一定会把它们吓走。因为鹿经常在黑暗的掩护下出击，所以要确保你的洒水系统有红外传感器。

土拨鼠陷阱可以让你活捉这些麻烦的破坏者。捕获后，请致电动物管控中心，采用专业诱捕器或动物收容器，以重新安置它们。

土拨鼠和囊地鼠

在园艺保卫战中，土拨鼠是最令人头痛的啮齿类动物之一。它们会在摧毁植物后躲藏到地下，然后再次上来啃食植物，最后消失不见。

但办法总比困难多，有一些方法可以很好地对付这些令人讨厌的动物：

- 它们比较胆怯，可以用风铃或反光物吓唬它们
- 在种植床底部使用金属丝网，防止它们从地下发动攻击
- 设置土拨鼠陷阱，捕获后把它们安置在离家几千米外的地方
- 用至少 15cm 的兔子围栏把整个园艺空间围起来。为了确保它们不会从地下挖洞过去，要把围栏埋至少 45cm 深

最后一件事，根据我的个人经验，超声波驱逐土拨鼠和囊地鼠的装置并不是很有效。不如把这笔钱省下来，用在更需要的地方。

松鼠

我第一次遇到松鼠是在一个春天，那时我珍爱的枇杷刚开始成熟，我看到一只松鼠正抱着它们啃得津津有味。当时我想，还有几天这些果子就会变得饱满多汁。但我没想到的是，松鼠们也和我有着同样的想法。于是，在短短两天内，它们就吃掉了我树上一半的枇杷，搞得我心力交瘁。

松鼠对食物并不挑剔，水果、蔬菜、昆虫甚至蘑菇都是它们的食材。这意味着无论你种植什么，对松鼠来说都像是一个能吃到饱的自助餐。

以下是一些应对松鼠侵扰的策略：

- 保持地面清洁，不要让地面上出现掉落的水果、坚果和其他松鼠喜欢的食物
- 在周围安装栅栏，至少埋30cm深
- 在一些地方撒些狗毛或人的头发。松鼠似乎讨厌人类头发的味道，闻到味道后它们便会离开
- 将特定区域留给松鼠。如果你不能打败它们，就索性接纳它们吧
- 用网或小拱棚盖住植物，防止松鼠进入
- 确保你的喂鸟器在松鼠攀爬也够不到的地方，否则它们很快就会视其为稳定的食物来源

只是随意逛逛，在邻居的园子里吃点儿零食而已！

病害

我最不喜欢处理的植物问题就是病害。面对害虫，你可以观察它，辨别它的种类，找出相应的处理措施，而病害通常比虫害更加难以辨别和处理。

对于病害，辨别比处理更加困难。下面让我们共同学习如何识别、预防和控制植物病害。

常见病害预防措施

在具体探讨常见的十大病害之前，作为一名园丁，应该养成一些好习惯，这能极大地减少病害的发生。

关注土壤健康

在园艺实践中，我的第一座右铭是：只要有可能，尽量让自然做功。通过培育极其健康的土壤，你将创造出一个由微生物和有益昆虫组成的复杂生态系统，来帮助你抵御植物病害。

喷施堆肥或蚯蚓茶

如果你正在和白粉病做斗争，或者只是想给你的植物额外添加一些微量元素，可以给植物喷施一些堆肥或蚯蚓茶。蚯蚓茶中的微生物会与致病的微生物竞争同样的生存资源，并且通常会战胜并杀死它们。同时，植物也获得了额外的营养。

清洁园艺工具

这一点经常会被人遗忘，但它对防止病害传播至关重要。在使用后，将园艺工具浸泡在90%水与10%漂白剂的混合溶液中，这样会大大降低疾病从病株传播到健康植株的概率。

从强到弱

这里的意思是，如果你发现已经出现了病害，这时先不要管那些已经感染的植株，而是应该先将健康的植物保护起来，然后再处理染病的植物，这样做可以避免病害持续扩张。

避免土壤飞溅

许多土壤病害都是通过飞溅到树枝、茎和叶子上的土壤而感染植物的。解决这一问题的方法很简单，不要过度浇水。可以使用滴灌，或者用软管轻轻地浇在土壤表面。你还可以修剪植物的底层枝叶，以减少土壤接触到这些敏感区域的机会。

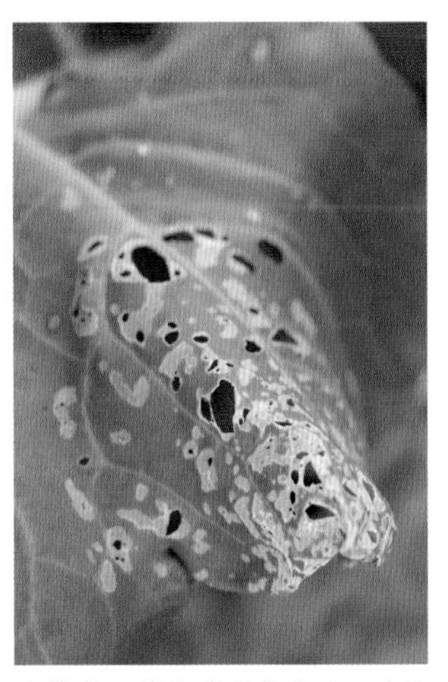

这株卷心菜的叶子患病了，对于芸苔属植物来说，这是非常常见的现象。

炭疽病

炭疽病是一种真菌病害，它会使植物的所有部位都染上病斑。斑点的中心会形成大量的粉红色凝胶状孢子，这些孢子会繁殖并将炭疽病传播到整个园艺空间。炭疽病菌适合在凉爽、潮湿的环境中生长，并能在碎屑、土壤和种子中越冬。

炭疽病的预防

- 维持园艺空间整洁，没有碎屑和枯枝败叶
- 为植物生长留出空间，修剪好枝条，保持空气流通
- 浇水的时候不要把泥土溅到植物上
- 不要让果实接触到土壤表面

芒果叶上的黑点表明它正处于炭疽病的早期阶段。

立枯病是开始播种时要面对的头号疾病。

炭疽病的有机控制

- 印楝油有助于防止炭疽病在叶或茎的表面继续发展
- 含有枯草芽孢杆菌的有机杀菌剂可以杀死炭疽菌
- 可以考虑使用液态铜杀菌剂来消灭炭疽病

立枯病

立枯病是一种令园丁心碎的病害，因为它针对的是刚刚开始生长的新苗。当幼苗的茎和根开始腐烂时，你就会知道它们正在遭受立枯病的侵袭。虽然植物会正常发芽，但两三天后它们就会软烂、掉落，然后死掉。对于已经感染了的植物，目前还没有治愈方法，所以立枯病的预防是重中之重。

立枯病的预防

- 确保在排水良好的条件下开始播种
- 不要把种子撒得太近，这样会使植物生长得太挤，空气流通不畅
- 给幼苗底部浇水，避免土壤表层水分过多
- 在室内种植时，使用风扇增加空气流通
- 如果幼苗持续受到立枯病侵扰，应考虑对土壤进行消毒

这株番茄感染了链格孢霉而造成的早疫病。

这株黄瓜受到了白粉病的侵袭。

早疫病

你在卷心菜叶子上发现棕色的环状斑点了吗？也许你在番茄上，甚至是苹果树或橘子树上发现过棕色的斑点。如果发现了，说明你遇到了链格孢叶斑病，即早疫病。

链格孢霉是一种在许多果园和菜园中常见的真菌，也会出现在观赏植物上。它没有特定的侵袭对象。如果真菌孢子飘落的地方看起来是个不错的栖息地，它就会试图占领那里。

早疫病的预防

- 清除死去植物的残枝落叶并定期处理（因为这种疾病可以越冬）
- 采用轮作法，这样可以在已遭受链格孢霉的地方种植抗病植物
- 使用滴灌来灌溉植物，避免土壤飞溅
- 优先选择种植抗病植物品种

早疫病的有机控制

- 每隔 7 ~ 10 天使用液态铜杀菌剂
- 在受感染植物的顶部和底部撒上硫基粉末，以减少真菌孢子的繁殖
- 在植物叶子上喷洒印楝油

白粉病

可怕的白粉病可能是园艺空间中最令人讨厌的病害了。它很常见，易于识别。感染了白粉病的植物叶子上会出现白色粉状霉斑。严重的感染会令叶子变黄，最终导致叶子和果实死亡。

白粉病喜欢侵害嫩叶，由于其分生孢子可以在植物碎片上越冬，因此很难彻底根除。

最易受感染的作物有豆类、黄瓜、南瓜、番茄和西葫芦，所以要密切关注。

白粉病的预防

- 选择种植最易感作物中的抗病品种
- 在阳光充足、空气流通良好的地方进行种植
- 修剪植物的冠层以增加空气循环
- 清除所有染病或死亡的植物残枝，特别是在季末

白粉病的有机控制

- 每 1 ~ 2 周（感染前）向植物叶子喷洒 40% 牛奶与 60% 水的混合物
- 经常清洗植物叶子，以扰乱病菌的生命周期
- 早上浇水，最好采用滴灌，或者不要把泥土溅到植物上
- 焚烧或丢弃所有染了病害的植物枝叶，不能将其制成堆肥
- 使用铜基或硫基的杀菌剂来治疗严重感染

霜霉病正在侵袭这片黄瓜叶。请注意它与白粉病的表现有所差别。

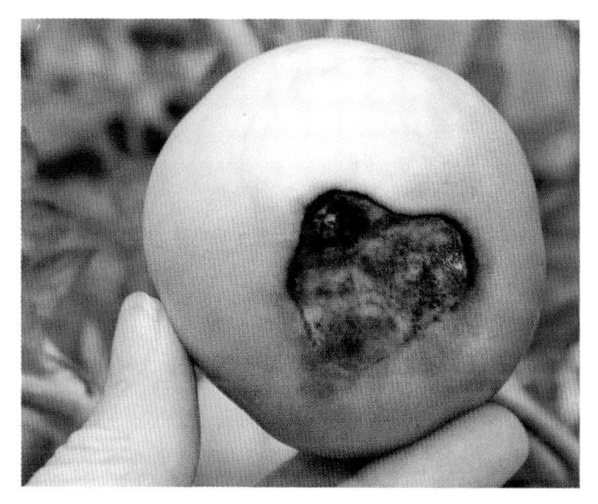

这是一个特别严重的脐腐病的案例。

霜霉病

霜霉病和白粉病经常被混淆，但其实它们是完全不同的两类病害。霜霉病通常出现在老叶上，呈现出黄色或白色斑块。在这些染病叶子的背面，真菌呈现出白色或浅灰色的棉花团状。最终，这种病害会导致叶子变黄、变脆最终死亡。

霜霉病喜欢凉爽潮湿的环境，主要发病期在早春或晚秋时节。

霜霉病的预防

- 修剪植物以改善空气流通
- 切勿给易感植物的叶片浇水
- 把植物固定好，以避免植物倒伏而阻碍了空气流动
- 种植抗霜霉病的品种
- 清除土壤表面所有的枯枝残叶

霜霉病的有机控制

- 使用印楝油作为第一道防线，以阻止早期感染扩张至整株植物
- 每隔 7 ~ 10 天使用有机铜杀菌剂来控制更严重的感染
- 及时拔除被霜霉病菌侵染极度严重的病株，并彻底清理干净

脐腐病

当你满怀欣喜地查看漂亮的传家宝番茄时，却在果实底部看到了一个丑陋的黑斑，这真是太令人难过了。与其说脐腐病是一种病害，不如说它是由作物生长环境问题而引发的一种症状。脐腐病也会影响辣椒、黄瓜和茄子。

你会看到果实底部开始软烂，最终变成褐色或黑色，病部呈现出革质。脐腐病是由缺钙引起的，但解决这一问题不一定要通过加钙来改良土壤。不均匀的浇水方式也会诱发作物中钙的运输吸收问题，从而导致脐腐病。

脐腐病的防治

由于脐腐病不是一种由真菌引发的病害，因此无法针对病原进行治疗。可以通过以下措施来预防它的发生：

- 始终保持土壤均匀湿润，以避免作物发生钙转运问题
- 向作物叶片喷洒液体海藻肥或堆肥茶
- 播种或种苗时，向土壤中额外添加钙（骨粉、蛋壳或石膏肥料都是不错的选择）
- 在土壤表面盖上覆盖物以防止水分流失
- 避免给作物施加过量的氮肥，因为这样会影响作物对钙的吸收

写在最后：城市园丁应避免的错误

无论是新手园丁还是老园丁，都会不时地犯一些常见的错误。园艺既是一种简单的爱好，又是一种复杂的爱好，所以发生错误也很正常。我经历的失败远比我愿意承认的要多得多，但每次犯了错误，我都会试图弄明白为什么会这样，并把它存档在我的园艺知识宝库里。

下面让我们共同总结一下我们在从事园艺实践过程中可能遇到的一些常见错误和失误。

浇水问题

毫无疑问，浇水是园艺实践中最麻烦、最容易出错的环节，出错的方式五花八门。但如果你能遵循这些简单的规则，所有问题都很容易避免。

保持土壤湿度均衡

有些植物喜欢湿度稳定的环境，如果土壤有时非常干燥，有时又非常湿润，如此循环往复会造成植物生长不良。保证湿度均衡最好的方法之一是使用有机覆盖物，如稻草、草屑或木屑等。这些有机覆盖物不仅能有效防止水分蒸发，而且会分解成有机质进入土壤，随着时间的推移，最终起到改善土壤的作用。

减少浇水频率，但要浇透

许多园丁认为每天都有必要给植物浇水，这简直大错特错。如果你浇水时浇得很透，还采用了不错的保水方法，如地表覆盖，那么你就可以将浇水的频率大大降低。深层土壤中的水分不会蒸发得很快，也更容易被植物根系吸收利用。

浇水时间：早上 > 晚上 > 中午

如果你习惯早起，那么你一定很高兴得知，清晨是浇水的最佳时间。

原因很简单，早晨太阳刚刚升起，气温仍然很低。在蒸发掉之前，水有充足的时间渗入土壤深层，到达根系所在的位置。

提前浇水还可以保护作物免受正午高温的炙烤，因为当高温真正来袭时，它们已经预备了充足的水分。这比试图在炎热的下午通过大量浇水来拯救作物好得多。

如果你和我一样不喜欢早起，那么可以选择在下午晚些时候或傍晚时分浇水。这里的原则很清晰，一定要尽量避免在中午浇水。

虽然在晚上浇水的效果比早上浇水稍差一些，但如果没有其他更好的选择，这肯定比不浇水要好得多。

一旦决定晚上浇水，请注意尽量不要让水洒在叶子上。潮湿的叶子是许多病原体和病害传播的载体，比如可怕的白粉病就可以摧毁整个园艺空间。

因此，如果可以避免的话，也尽量不要在晚上浇水。最重要的原因就是晚间植物的蒸腾速率很低，湿润的叶子和植株会成为滋生病害和腐烂的温床，这样做不利于打造一个健康的园艺空间。

当然，如果实在没办法，也可以晚上浇水。但是由于水分几乎不会蒸发掉，因而浇水量要比平时少些。这也意味着所有浇下去的水都会渗进土壤，被植物吸收利用。

浇水后，等待一会儿，然后再浇一遍

新手园丁常犯的一个典型错误就是，在几秒钟内把大量的水一股脑儿地浇到土壤中，并且认为这样工作就完成了。但事实远非如此。

土壤吸收水分是需要一定时间的。快速大量地浇水会导致大量径流，很多水都被浪费掉了，而你的植物却仍处于缺水状态。

为了避免这种情况发生，正确的做法是浇水时先润湿土壤表面，静待1～2min，然后再浇水。这样做能使土壤吸收更多的水分，植物也能喝饱水。

浇水自动化

最好的浇水方式是根本不需要浇水，至少不需要手动浇水。将滴灌技术与计时器结合起来是最好的方法之一，这样你就不用时刻想着浇水这项工作了。

种植错误

除了浇水以外，由于经验不足或缺乏计划，你可能还会犯一些简单的错误，这使园艺工作变得更加令人头疼。要小心提防以下这些种植错误，因为在园艺实践过程的某一阶段犯下的错误可能会带来很多不良后果，甚至有可能会破坏整个生长季。

不给植物贴标签

这听起来似乎很简单，但你会惊讶地发现，你会经常忘记标注植物名称和种植位置。无论是在托盘里的，还是移植到地里的，我喜欢给幼苗们都贴上标签。接着在园艺日记中做些记录，这样你就永远不会忘记在何时何地种过哪些蔬菜了。

种植你不喜欢的作物

这是另一个看起来显而易见却经常被忽略的建议。当我刚开始从事园艺时，我选择种了一些作为园丁“应该”种植的作物，但却完全忽略了一个事实，那就是当收获的时候我并不喜欢它们。所以，请选择那些你已经在烹饪中使用过的，或者你喜欢的作物。这样，你才会真正关心它们的生长，并且享受收获。

从不阅读种子包装上的信息

种子的包装很容易被忽视，但是却包含了一些重要信息。虽然这些信息可能第一眼看上去会令人感到困惑，但是我建议你一定要仔细阅读。每一种作物的生长需求都有些许差异，它们需要不同的养料、不同的间距和种植深度。除非你仔细查看，否则你永远不会了解。

不按生长季种植

这种错误我已经犯过无数次了。比如，当秋天临近的时候，很渴望种出最后一批番茄。无论你是去当地苗圃购买幼苗还是购买种子，都很容易受到过季播种的诱惑，即“只是为了看看究竟会发生什么”。

但是最好不要这样做，你会在一株可能永远不会收获的作物上花费很多精力。如果你在盛夏时节种植菠菜，那么在收获之前，它很快就会抽薹变苦。同样，在进入秋天的时候种植喜热的秋葵只会带来灾难和挫败感。

维护误区

常言道：“防患于未然。”尤其是在园艺实践中，如果不采取预防措施，你可能连补救的机会都没有。通常，我建议每天花上10～20min，检查一下作物和土壤，并且密切关注病虫害。早上和晚上各花点儿时间照顾你的作物宝宝，这是开始或结束一天非常棒的方式。

不及时采收

这听起来像是一个疯狂的错误，但是相信我，我已经见过无数次了。作为一名城市初级园丁，收获的时候请不要犹豫。当你种植如黄豆或豌豆此类的作物时，一定要尽早采收，并且经常采收，这样可以在之后的几周里获得更多收获。

不除杂草

当你的目光扫过各处，

资源

很容易发现杂草。但是相信我，如果任其发展，杂草会蔓延到你无法想象的程度……除非你亲身经历过。因此，当你做日常维护时，看到任何杂草都要立即拔掉。

不毁掉病株

我知道，把一株患病的作物处理掉会让你感到伤心。但是，大多数病害都可以而且很容易传播给其他作物。原本只是一株患白粉病的南瓜，很快就会变成一张覆盖着白色病菌的温床。一旦一株作物患病到了无法逆转的程度，就应该摧毁它。把它拔出来扔进垃圾桶或烧了它……

以下是我个人喜欢的一些久经考验的公司、产品和品牌。随时告诉他们，是史诗园艺的凯文介绍你来的！

值得信赖的品牌

- 园丁供应公司：www.gardeners.com
- 强尼精选种子：www.johnnyseeds.com
- 自助农夫：www.bootstrapfarmer.com

我最喜欢的种子公司

- 贝克溪传家宝种子公司：www.rareseeds.com
- 圣地亚哥种子公司：www.sandiegoseedcompany.com
- 城市农夫种子公司：www.ufseeds.com

种植床

- 天堂鸟花园产品：www.birdiesgardenproducts.com

有机肥料

- 自然造园者：www.gardenmaker.com
- 旧卡车有机肥料：www.oldtruckorganics.com

微型绿色蔬菜种子供应商

- 真叶市场：www.trueleafmarket.com
- 埃弗韦尔德农场：www.everwilde.com

蚯蚓堆肥

- 都市蚯蚓公司：www.urbanwormcompany.com
- 快速发芽：www.sproutfaster.com

水培相关产品

- Aponix 立式桶：www.aponix.eu
- 水培农场：www.hydrofarm.com
- 普通水培：www.generalhydroponics.com

植物生长灯

- 索泰解决方案：www.soltechsolutionsllc.com
- 绿色阳光公司：www.thegreensunshineco.com

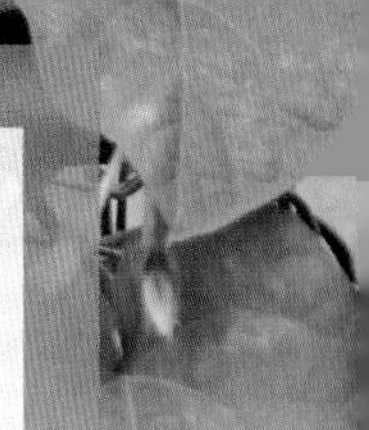

公制转换

公制当量

英寸	1/64	1/32	1/25	1/16	1/8	1/4	3/8	2/5	1/2	5/8	3/4	7/8	1	2	3	4	5	6	7	8	9	10	11	12	36	39.4
英尺																								1	3	3 1/12
码																									1	1 1/12
毫米	0.40	0.79	1	1.59	3.18	6.35	9.53	10	12.7	15.9	19.1	22.2	25.4	50.8	76.2	101.6	127	152	178	203	229	254	279	305	914	1000
厘米							0.95	1	1.27	1.59	1.91	2.22	2.54	5.08	7.62	10.16	12.7	15.2	17.8	20.3	22.9	25.4	27.9	30.5	91.4	100
米																								.30	.91	1.00

换算方法

原单位：	换算为：	乘以：
英寸	毫米	25.4
英寸	厘米	2.54
英尺	米	0.305
码	米	0.914
英里	千米	1.609
平方英寸	平方厘米	6.45
平方英尺	平方米	0.093
平方码	平方米	0.836
立方英寸	立方厘米	16.4
立方英尺	立方米	0.0283
立方码	立方米	0.765
品脱（美制）	升	0.473 (lmp. 0.568)
夸脱（美制）	升	0.946 (lmp. 1.136)
加仑（美制）	升	3.785 (lmp. 4.546)
盎司	克	28.4
磅	千克	0.454
吨	公吨	0.907

原单位：	换算为：	乘以：
毫米	英寸	0.039
厘米	英寸	0.394
米	英尺	3.28
米	码	1.09
千米	英里	0.621
平方厘米	平方英寸	0.155
平方米	平方英尺	10.8
平方米	平方码	1.2
立方厘米	立方英寸	0.061
立方米	立方英尺	35.3
立方米	立方码	1.31
升	品脱（美制）	2.114 (lmp. 1.76)
升	夸脱（美制）	1.057 (lmp. 0.88)
升	加仑（美制）	0.264 (lmp. 0.22)
克	盎司	0.035
千克	磅	2.2
公吨	吨	1.1

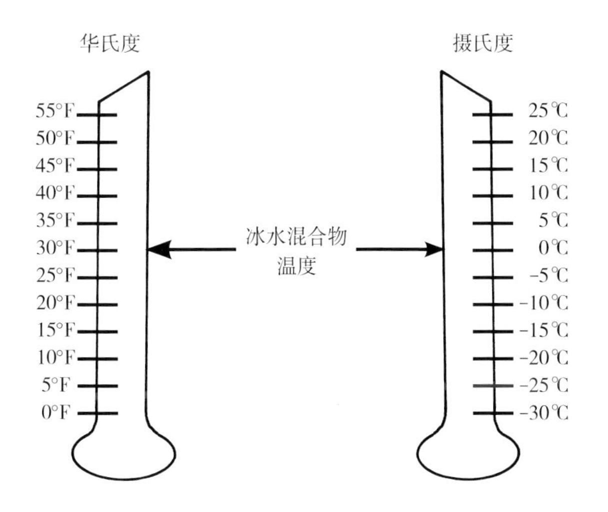

温度转换

将华氏度换算为摄氏度：华氏度数值减去 32，再乘以 5/9，即可得到摄氏度数值。

例如，77°F−32 = 45.45 × 5/9 = 25℃

将摄氏度换算为华氏度：摄氏度数值乘以 9/5，再加上 32，即可得到华氏度数值。

例如，25℃ × 9/5 = 45.45 + 32 = 77°F

致谢

首先，我要感谢养育我的人——我的父母。爸爸，谢谢你用自己对生活的热情感染了我。你已经离开这么久了，有时感觉你从未离开过，但你的精神将永存于布莱恩、我以及你生命中接触到的每个人心中。妈妈，感谢你独自抚养了两个患有慢性疾病的儿子，这是一项艰巨的工作。直到今天，我都无法真正理解你是如何完成这一件几乎不可能做到的事。

我的弟弟布莱恩，感谢你成为我从事园艺实践的动力。虽然当时我并未意识到，但是那个夏天和你一起种植植物，彻底改变了我的人生之路。

我的堂兄乔恩，感谢你成为我的“第二大脑”，可以让我毫无保留地表达我所有疯狂的想法和理论。

我的奶奶，感谢你为我们树立了生活榜样，教会了我们不管遇到什么，应该如何过上真正快乐、充实和幸福的生活，

感谢我的表兄妹艾丽莎、劳伦、杰奎琳、泰勒、乔丹、切尔西、乔丹、朱莉娅和马特。感谢你们对我产生了如此大的影响，总是激励着我向上攀登。

梅尔·巴塞洛缪，也许你已经离开了，但你的园艺精神将永存于我心中，永存于你所激励的正努力让世界变得更美好的数百万人心中。谢谢你为一个年轻而热诚的孩子带来了机会。

肖娜·科罗纳多，谢谢你带我进入团队，并让我联系到 Quarto 出版集团。从最直接的角度来说，如果没有你，这本书就不会存在。我欠你的可不止几杯鸡尾酒！

马克、梅瑞狄斯、瑞金娜以及 Quarto 出版集团的其他工作人员，感谢你们的辛勤工作，让这本书变得生动起来，也感谢你们带领一个完全的局外人走进了传统出版界。

感谢塔克和扎克，给了我与你们合作的机会。如果没有这18个月的辛勤工作、观察和个人成长，史诗园艺不会有今天这样的成就。

致“三巨头”：感谢你们为我提供了宝贵的支持。

最后，我想感谢史诗园艺社区。正是因为有你们每一个人在，我才能成为一个植物狂人。感谢你们所有的电子邮件、评论、留言、信件、电话和各种沟通联系。我很感激能与你们这么多人建立联系，我会竭尽所能继续帮助大家种植史诗般的植物。

关于作者

自从我决定和弟弟一起种黄瓜和罗勒的那一天起，园艺就成了我生活中不可分割的一部分。无论是对于可食用植物还是观赏植物，一旦我在对种植植物的简单热爱中找到了更大意义，我的生活就彻底改变了。

不管身在何处，都能在自己舒适的家里种植一些专属于自己的食材，这是一种超能力。虽然这只是很小的举动，但当世界上数百万数千万人都这样做时，这一小举动就会对我们社会的前进方式产生不可思议的影响。

在我自己的生活中，我的前院已经成为邻里间的谈资，它开启了我与路人原本不会出现的对话。它不仅为我自己、我的朋友和我的家人培植了美味又有营养的食物，也为这个似乎已经迷失的社会培养了真正的社区。

我变得越来越关注自己的健康，在把几分钟前刚收获的新鲜蔬果带进厨房之前，我会学习如何制作新鲜的田园菜肴。我浪费的食物减少了，因为我切身体会到了生产食物所付出的艰辛。

早晨，当我穿过园子时，蜜蜂嗡嗡作响，鸟儿叽叽喳喳地啄食着讨厌的毛毛虫，一些有益的昆虫在我身边飞过。我感受到了自己与大自然之间的联系，而这在城市环境中原本很难实现。

如果你想继续你的城市小空间园艺实践之旅，我强烈建议你查看以下内容：

- 史诗园艺的网站（www.epicgardening.com）。在我的网站上，你可以找到数百篇深入探讨种植特定植物、预防病虫害和许多其他园艺技巧的文章。
- 史诗园艺播客（www.epicgardening.com/podcast）。每天5～10min的节目会集中介绍一个特定的园艺技巧。
- 史诗园艺的YouTube频道（www.youtube.com/c/epicgardening）。这些更加深入的视频展示了如何从种子到收获的种植全过程，以及其他园艺主题。

我真心希望本书成为你打造美丽园艺空间的工具，无论你住在哪里，希望你都能种出大量美味的、营养丰富的食材。

继续种植吧！

凯文·埃斯皮里图

索引

A
aeroponics, 188 – 93
Aeroponic Bucket System, 190 – 93
amendments, soil, 67, 97
animals (pests), 208 – 11
anthracnose, 212 – 13
apartment and condo gardening, 22
aphids, 202
arbors and arches, 112

B
balcony gardening, 135 – 48
benefits of, 136
design ideas, 138 – 41
easy crops, 143
planning, 136 – 37
tips, 142
bamboo trellises, 110 – 11
bin composting, 47
birds, 208
blossom end rot, 215
Bokashi composting, 47
brick, 87
builder's wire, 111

C
cabbage worms, 203
ceramic metal halide (CMH), 165
Classic Raised Bed, 102 – 3
clay soil, 37
coconut coir/coco peat, 159
cold frames, 92
Compact Ebb and Flow Table, 178 – 82
composting
about, 44 – 45
techniques, 47 – 48
troubleshooting, 46
concrete building blocks, 87
container gardening, 55 – 81
care tips, 74 – 75
checking soil moisture, 75
container location, 68
container materials, 60 – 65
container sizes, 56 – 58
drainage, 66
drip irrigation, 72
fertilizer, 73
filling containers with soil, 67
plant recommendations, 69
Self-Watering 5-Gallon Bucket, 78 – 79
Sub-Irrigated Two-Liter Bottle Gardens, 77
Upcycled Container Garden, 81
watering, 70 – 72
crop rotation, 97, 199

D
damping off, 51, 213
days to maturity (DTM), 94
Dead-Simple Raised Bed, 98
deep water culture, 168 – 75
Deep Water Culture Herb Tote, 171 – 75
deer, 209
dirt cheap soil mix, 43
disease
anthracnose, 212 – 13
blossom end rot, 215
on container pots, 74
damping off, 213
downy mildew, 215
early blight, 214
powdery mildew, 214
prevention practices, 212
double-potting, 71
downy mildew, 215
drainage, 66
drip irrigation, 72

E
early blight, 214
ebb and flow systems, 176 – 80
environmental requirements of plants, 33
expanded clay pellets, 159

F
felt grow bags, 64
fences, growing on, 112
fences, protective, 27
fertilizer
"Big 3" nutrients, 33
for container gardens, 67, 73
organic, 73
for raised beds, 97
fluorescent lighting, 165
frost dates, 28 – 29
fungus gnats, 204

G
grasshoppers, 206 – 7
gravel, 161
greenhouses, 93
groundhogs and gophers, 210
grow lights, 162 – 67

H
hardening off seedlings, 52
hardiness zones, 28 – 29. *See also* microclimates
Heavy-Duty Modular Trellis, 113
herbs, growing, 122 – 23
high-density polyethylene (HDPE), 61
high intensity fluorescent (HO/VHO), 165
high pressure sodium (HPS), 164
homeowners' association (HOA), 25, 145 – 46
hydroponics, 151 – 95
aeroponics, 188 – 93
Aeroponic Bucket System, 190 – 93
artificial lighting, 162 – 67
benefits, 152
Compact Ebb and Flow Table, 178 – 82
deep water culture, 168 – 75
Deep Water Culture Herb Tote, 171 – 75
ebb and flow systems, 176 – 80

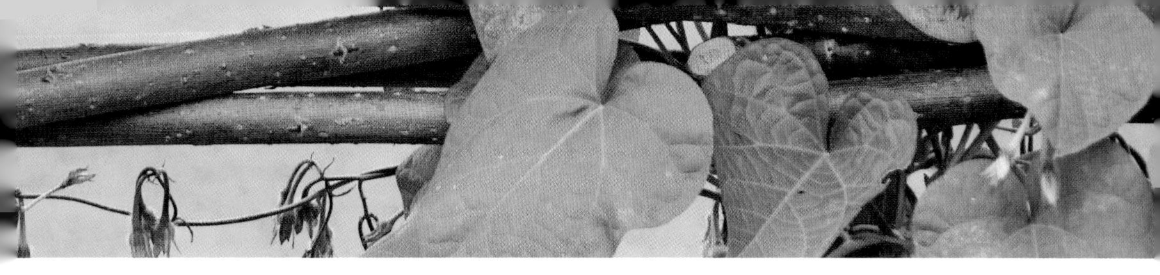

fundamental principles, 153 – 55
growing media, 159 – 61
history, 152
keeping reservoir cool, 194 – 95
nutrient film technique (NFT), 183 – 87
nutrients for, 156 – 58
Sit–on–Top NFT Channel System, 185 – 87
water, importance of, 153 – 55

I
indoor gardening, 119 – 33. *See also* microgreens
artificial lighting, 162 – 67
finding space, 120
kitchen herbs, 122
Mason Jar Herb Garden, 123
insects, 200 – 207

J
Japanese beetles, 204

L
light emitting diode (LED), 166
lighting, artificial, 162 – 67
light requirements of plants, 30 – 31
lights, anti–theft, 26
loam (soil), 35
low–density polyethylene (LDPE), 62

M
maintenance
of container gardens, 74 – 75
mistakes to avoid, 217 – 18
of raised beds, 96 – 97
Mason Jar Herb Garden, 123
Masonry Raised Bed, 101
mealybugs, 206
metal containers, 64
metal halide (MH), 164
metal raised beds, 87
microclimates, 145
microgreens
about, 124 – 25
common problems, 130 – 31
growing steps, 126 – 28
harvesting, 129
varieties of, 132 – 33
mold or fungus, 130
mulch
in balcony gardens, 142
in container gardens, 70 – 71
in raised beds, 97

N
nutrient film technique (NFT), 183 – 87
nutrient requirements of plants
hydroponic system, 156 – 57
traditional soil system, 33

O
observation, importance of, 49, 199
organic matter, 40, 44

P
perlite, 160
pests. *See also specific pests*
animals, 208 – 11
insect life cycles, 200 – 201
insects, 200 – 207
preventing, rules for, 199
pH, adjusting, 158
planting. *See also* transplanting
crop rotation, 97, 199
frost dates, 28 – 29
hardiness zones, 28 – 29
mistakes to avoid, 217
spacing, in a raised bed, 90 – 91
succession planting, 94 – 95
water requirements, 32
plants
air requirements, 32
climate requirements, 33
light requirements, 30 – 31
nutrient requirements, 33
plastic bottles, 92
plastic containers, 61
plastics, other, 63
polyethylene terephthalamate (PET), 61
polypropylene (PP), 62
polystyrene (PS), 63
polytunnels, 93
polyvinyl chloride (PVC), 62
potted plants. see container gardening; indoor gardening
pottery, 60
potting mix, 43, 67
powdery mildew, 214
pressure–treated wood, 86 – 87
pruning under the canopy, 75
pumice, 161

R
Rain Gutter Garden, 116 – 17
raised bed gardening
advantages, 84 – 85
bed linings, 88
bed placement, 89
building materials, 86 – 87
Classic Raised Bed, 102 – 3
Dead–Simple Raised Bed, 98
filling beds with soil, 89
maintenance, 96 – 97
Masonry Raised Bed, 101
mulch, 97
planting seeds and transplants, 90 – 91
plant rotation, 97
season extension, 92 – 93
soil mix for, 89
succession planting, 94 – 95
raised bed mix, 42
regulations and laws, 24 – 25
Repurposed Hanging Shoe Rack, 114
rockwool, 160
rooftop gardening
benefits, 144
building codes, 146
layout, 147
microclimates, 145
roof structure, 146
watering, 148

S
sacks, 65
sand, 161
sandy soil, 36
scale insects and mealybugs, 206
season extension, 92 – 93
seedlings, transplanting, 52
seeds
starting, 51 – 52
vs. transplants, 50, 90
Self–Watering 5–Gallon Bucket, 78 – 79
signage, 27
silty soil, 36
single–family home gardening, 23
slugs and snails, 207
soil, 34 – 43
air in, 40
amendments, 67, 97
clay, 37
determining type of, 38 – 40
dirt cheap soil mix, 43
elements of, 40 – 41
lab testing, 40
loam, 35 – 36
mixes, preparing, 41 – 43
organic matter in, 40 – 41
potting mix, 43
raised bed mix, 42
sandy, 36
silty, 36
types, testing, 38 – 39
types of, 34 – 37
water in, 40
spider mites, 205
squirrels, 211
starter plugs, 160
Sub–Irrigated Two–Liter Bottle Gardens, 77
succession planting, 94 – 95

T
theft, preventing, 26
tomato hornworms, 202
townhome gardening, 23
transplanting
seedlings, 52
transplants vs. seeds, 50, 90
trellises, 110 – 11, 113
two–liter bottles, 65

U
Upcycled Container Garden, 81
upcycled containers, 65
urban gardening
benefits, 7
gallery of, 13 – 19
mistakes to avoid, 216 – 18
regulations, 24 – 25

V
vermicomposting, 48 – 49
vertical gardening
arbors and arches, 112
fences, 112
Heavy–Duty Modular Trellis, 113
how plants climb, 107 – 8
location, 106
Rain Gutter Garden, 116 – 17
Repurposed Hanging Shoe Rack, 114
supporting plants, 109
trellises, 110 – 11

W
watering, 32
balcony gardens, 142
container gardens, 70 – 72
drip irrigation, 72
mistakes to avoid, 216 – 17
rooftop gardens, 148
wood, for garden beds, 86 – 87
wood containers, 61
worm composting, 48 – 49

Z
zoning laws, 24